铁基磁致伸缩材料研究

田晓　著

化学工业出版社
·北京·

内 容 简 介

目前，新型铁基磁致伸缩材料因具有非常好的潜在价值和应用前景，成为备受关注的研究领域。本书围绕新型铁基 Fe-Ga 和 Fe-Al 合金材料，介绍磁致伸缩效应、磁致伸缩材料的发展历史及分类、新型铁基 Fe-Ga 和 Fe-Al 合金研究进展，定向凝固对 Fe-Ga 磁致伸缩合金的影响；重点介绍了第三组元元素，特别是稀土元素掺杂对新型铁基 Fe-Ga 和 Fe-Al 合金微观结构和磁致伸缩性能的影响；此外，还介绍了稀土掺杂 Fe-Ga 磁致伸缩复合材料的制备、结构和磁致伸缩性能。

本书适于从事磁致伸缩材料研究、开发和生产的科研人员阅读，也可作为高等院校相关专业师生的参考资料。

图书在版编目（CIP）数据

铁基磁致伸缩材料研究/田晓著. —北京：化学工业出版社，2023. 8

ISBN 978-7-122-43530-9

Ⅰ. ①铁…　Ⅱ. ①田…　Ⅲ. ①压磁材料-研究　Ⅳ. ①TM271

中国国家版本馆 CIP 数据核字（2023）第 088728 号

责任编辑：冉海滢　刘　军　　装帧设计：韩　飞

责任校对：宋　夏

出版发行：化学工业出版社（北京市东城区青年湖南街 13 号　邮政编码 100011）

印　　装：北京科印技术咨询服务有限公司数码印刷分部

710mm×1000mm　1/16　印张 10　字数 154 千字　2023 年 9 月北京第 1 版第 1 次印刷

购书咨询：010-64518888　　售后服务：010-64518899

网　　址：http：//www. cip. com. cn

凡购买本书，如有缺损质量问题，本社销售中心负责调换。

定　　价：88.00 元

前言

高新技术领域的快速发展对磁致伸缩材料提出了兼具大磁应变、低驱动场和高灵敏度的苛刻要求。新型铁基磁致伸缩材料由于具有低驱动磁场、优异力学性能、低廉成本和适中磁致伸缩性能的特点，被认为是极具潜力的磁致伸缩材料，有望成为新一代智能器件的核心材料。然而，实际制备的新型铁基磁致伸缩材料的磁致伸缩系数还不够高，距离商业化应用还有一段距离。可见，开发大磁致伸缩性能、低驱动磁场、价格低廉、高机械强度的新型磁致伸缩材料迫在眉睫。

正是新型铁基磁致伸缩材料具有潜在价值和应用前景，使有关研究经久不衰，成为备受关注的研究领域之一。但是，目前新型铁基磁致伸缩材料的有关著作尚不多见，这不能不说是一种缺憾。鉴于此，本书结合近几十年来国内外有关新型铁基磁致伸缩材料研究进展，整理了笔者近年来有关新型铁基磁致伸缩材料的研究成果，以期为磁致伸缩材料的研究人员，相关专业教师、学生提供一些参考。

考虑到磁致伸缩材料研究的完整性，本书在第 1 章介绍了磁致伸缩效应，磁致伸缩材料的发展历史、分类，铁基 Fe-Ga 和 Fe-Al 磁致伸缩材料研究进展等。第 2 章介绍定向凝固对 Fe-Ga 磁致伸缩合金的结构与磁致伸缩性能的影响。第 3 章结合理论计算介绍 Cu 掺杂 Fe-Ga 磁致伸缩材料。第 4 章系统介绍稀土掺杂 Fe-Ga 磁致伸缩材料。第 5 章系统介绍稀土掺杂 Fe-Al 磁致伸缩材料。第 6 章详细介绍稀土掺杂 Fe-Ga 磁致伸缩复合材料。本书部分图片以彩图形式嵌入二维码中，读者扫码即可参阅。

本书出版得到了内蒙古师范大学基本科研业务费专项资金（2022JBHQ016）、国家自然科学基金项目（51661027）、内蒙古自然科学基金项目（2019MS05002，2020MS05075）、内蒙古自治区科技计划项目（2021GG0285）的支持，在此表

示衷心的感谢。本书还得到内蒙古师范大学物理与电子信息学院、内蒙古师范大学功能材料物理与化学自治区重点实验室、内蒙古师范大学稀土功能和新能源储能材料自治区工程研究中心、内蒙古农业大学、内蒙古包头金山磁材有限公司和内蒙古包头稀土研究院等单位的合作者、教师提供的各种帮助，在此表示衷心的感谢。另特别感谢姚占全教授和赵宣、王瑞、赵丽娟为本书出版所做的相关工作。

由于水平有限，加之时间仓促，书中难免存在疏漏之处，敬请广大读者批评指正。

田晓

2023 年 5 月于呼和浩特

目录

第1章

铁基磁致伸缩材料研究进展

磁致伸缩材料是20世纪40年代发展起来的一种磁性功能材料。由于磁致伸缩材料具有磁-弹耦合系数大、输出应力大、机械响应快、稳定性强等优良特性，在传感器、发生器、线性马达、作动器、泵阀器件、位移器件和水下声呐扫描等领域呈现出重要的使用价值及广阔的应用前景。磁致伸缩材料具有感知磁场并产生驱动的智能特性，在大功率换能器、微位移控制系统和高精度机械加工装备等诸多高新技术领域不可或缺，因此在国际上备受重视。近年来，高新技术领域的快速发展对磁致伸缩材料提出了兼具大磁应变和低驱动场（高灵敏度）的苛刻要求。

1.1 磁致伸缩效应

铁磁性材料在磁化过程中改变形状和尺寸的特性，被称为磁致伸缩效应[1]。该效应首先由 James Joule 于1842年在铁中发现[2]。通常，磁致伸缩效应被分为体磁致伸缩和线磁致伸缩两类[3]。其中，体磁致伸缩又可以分为：

① 自发体积磁致伸缩。自发体积磁致伸缩是一种各向同性晶体，因磁有序而产生的体积分数的变化；该效应与磁化强度的平方（M^2）成正比。该效应可正可负，但是其变化幅度通常不超过1%。

② 强制体积磁致伸缩。在高磁场下，由于额外的磁场感应价带分裂会导致磁矩的增加，这会引发弱铁磁材料的强制体积磁致伸缩。

而线磁致伸缩效应有以下几种：

① Joule 效应。磁化方向上的线性应变，与磁化过程有关。

② Villari 效应。在机械应力作用于退磁的多畴铁磁体时，易磁化轴会改变，并改变初始磁化率。

③ Wiedemann 效应。受到横向螺旋磁场作用的铁棒容易产生扭曲。

④ Matteuchi 效应。与 Wiedemann 效应相反的效应，通过转矩来改变磁铁磁化率。

通常人们所研究的磁致伸缩效应为线磁致伸缩效应里的 Joule 效应。通过控制外加磁场的大小，使得磁致伸缩材料伸长或缩短，用来衡量这种长度变化的物理量为磁致伸缩系数 λ。与其他几种磁致伸缩效应相比，Joule 效应具有很高的实用性，这是由于外加磁场的大小很容易操控，而通常磁致伸缩材料长度与外加磁场的大小有一定的关系，进而人们可以很容易地定量控制磁致伸缩材料的磁致伸缩系数。为了获得更好的磁致伸缩性能，人们致力于研究性能更好、更实用的磁致伸缩材料。

1.2 磁致伸缩材料发展历史及分类

磁致伸缩材料是一类能够将电磁能、声能和机械能相互转换的磁性功能材料，它在声呐水声换能器、微位移驱动、机器人、电声换能器技术等领域有着广泛的应用前景[4-6]。因此，磁致伸缩材料引起了国内外研究者们的广泛关注[7-11]。从最开始的以纯金属、金属基合金以及铁氧体为代表的传统磁致伸缩材料到以稀土化合物为代表的超磁致伸缩材料，再到以新型铁基二元磁致伸缩材料（代表合金为 Fe-Ga 和 Fe-Al），磁致伸缩材料大致经历了三个发展阶段[12,13]。为了更好地对比了解这三类磁致伸缩材料，将这三类磁致伸缩材料的特点及性能列入表 1-1。

表 1-1 磁致伸缩材料的种类、特点及性能

材料分类	发展年代（20 世纪）	代表性材料	磁致伸缩系数 $/\times10^{-6}$	优点	缺点
传统磁致伸缩材料	40 年代	Fe、Ni 及其合金	10～100	力学性能优良、制造成本低	磁致伸缩系数小
	60 年代	铁氧体（Ni-Co、Ni-Co-Cu、Fe_3O_4）	20～80	电阻率高、磁导率高、介电特性好、制造成本低	磁致伸缩系数小

续表

材料分类	发展年代（20世纪）	代表性材料	磁致伸缩系数 $/\times10^{-6}$	优点	缺点
稀土超磁致伸缩材料	70年代	Tb-Dy-Fe合金	约1000	磁致伸缩性能好、磁晶各向异性大	制造成本高、所需外磁场高、力学性能差、居里温度低于室温
新型磁致伸缩材料	90年代	Fe-Ga合金、Fe-Al合金	约400	较高的饱和磁致伸缩系数、低的饱和磁化场、磁导率高、力学性能优良、制造成本低、磁滞小	与超磁致伸缩材料相比磁致伸缩系数较小

由表1-1可以看出，铁、镍及其合金作为传统磁致伸缩材料普遍具有较好的力学性能和低廉的物料成本，但其磁致伸缩性能较差[14]。铁氧体作为传统磁致伸缩材料虽然电阻率高、磁导率高、介电特性好、制造成本低，但是磁致伸缩系数非常小[15]。以 $Tb_xDy_{1-x}Fe_2$ 合金（Terfenol-D）为代表的巨磁致伸缩材料，虽然具有极高的本征磁致伸缩性能，但其力学性能很差，且原材料成本较高，这些限制了其广泛应用。而以Fe-Ga和Fe-Al合金为代表的新型铁基二元磁致伸缩材料，由于具有低的驱动磁场，优异的力学性能，低廉的成本且磁致伸缩性能适中，被认为是具有潜力的磁致伸缩材料，有望成为新一代智能器件的核心材料[16-19]。因此，新型铁基Fe-Ga和Fe-Al二元合金具有潜在的应用价值，也成为近年来人们研究的热点。

新型铁基Fe-Ga和Fe-Al二元合金是由非磁性Ga原子和Al原子替代体心立方结构（bcc）的纯Fe原子而形成的固溶体合金。纯Fe的磁致伸缩系数大约是 -10×10^{-6}[20]，而Fe-Ga和Fe-Al二元合金的磁致伸缩系数大约是纯铁的5～6倍[21,22]。非磁性Ga原子和Al原子掺杂导致二元Fe基合金磁致伸缩系数变大的原因一直是人们十分关注的问题。目前多数研究认为，Fe基二元合金产生的磁致伸缩均与非磁性原子进入bcc基体结构而形成的纳米相引起基体四方畸变的程度有关，由于Ga原子尺寸比Al大，所以Fe-Ga合金中纳米相的四方畸变程度比Fe-Al中大，因此Fe-Ga的磁致伸缩系数要略高于Fe-Al合金[23,24]。Emdadia等[21]研究发现，铸态多晶 $Fe_{83}Ga_{17}$ 合金的磁致伸缩系数为 73×10^{-6}。而Mehmood等[22]在对多晶 $Fe_{100-x}Al_x$（$x=15,19,25$）合金的研究中发现，铸态多晶 $Fe_{81}Al_{19}$ 合金的磁致伸缩系数为 44×10^{-6}。可见，无论是铸态多晶 Fe-Ga 合金还是 Fe-Al 合金，磁致伸缩系数都不够高，在实际应用中受限。因此，改善铸态多晶 Fe-Ga 或 Fe-Al 合金的磁致伸缩性能是目前该领域研究的重点。

1.3 铁基 Fe-Ga 磁致伸缩材料研究进展

1.3.1 Fe-Ga 合金微观结构

对于 Fe-Ga 合金磁致伸缩的研究主要在富 Fe 一侧展开。图 1-1 给出了 Fe-Ga 合金富 Fe 一侧的局部平衡相图[25]。图 1-2 给出了 Fe-Ga 合金富 Fe 一侧的局部亚稳相图[26]。由图 1-1 和图 1-2 可知，在富 Fe 一侧由 bcc 结构的无序 A2 相组成，随着 Ga 含量的增加，开始出现 $D0_3$(Fe_3Ga)、B2(FeGa)、$D0_{19}$、$L1_2$

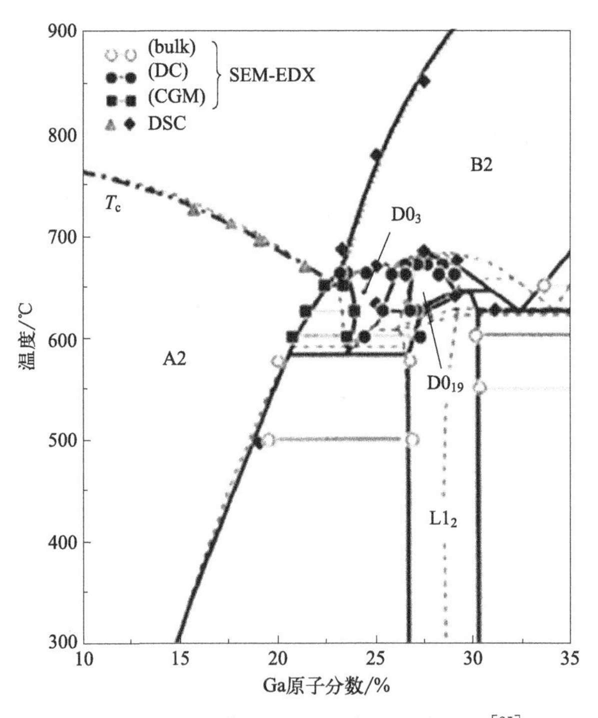

图 1-1　Fe-Ga 合金富 Fe 一侧的平衡相图[25]

bulk—熔炼法制备两相块体样品；DC—扩散耦合法，即高温扩散联合冰水快淬法制备样品；CGM—浓度梯度法；DSC—差示扫描量热法；SEM-EDX—扫描电子显微镜联合能谱分析法；T_c—居里温度

等多种相结构。图1-3给出了各种相结构的原子排列方式[25]。其中，A2相为无序的bcc结构；B2相为Ga原子有序取代体心位置Fe原子结构；$D0_3$相为长程有序结构；$L1_2$为有序的fcc结构；$D0_{19}$相为有序的六方结构。

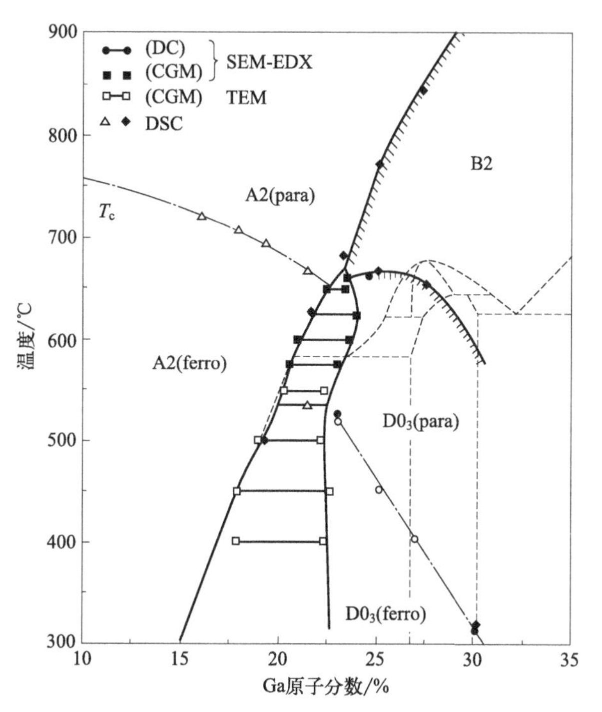

图1-2 Fe-Ga合金富Fe一侧的局部亚稳相图[26]

TEM—透射电子显微镜分析

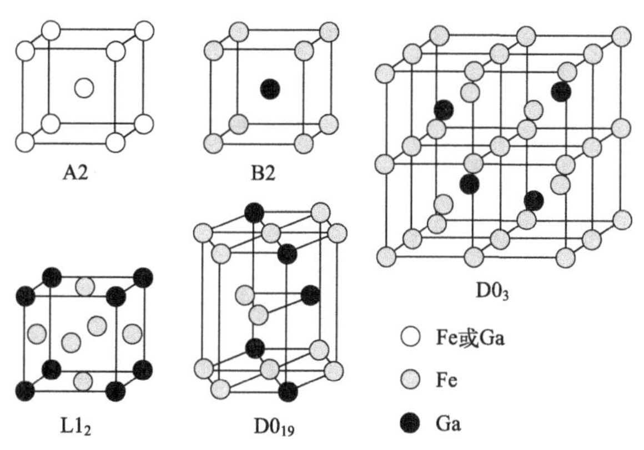

图1-3 Fe-Ga合金中A2、B2、$D0_3$、$D0_{19}$、$L1_2$等相结构原子排列方式[25]

可以看出，Fe-Ga 合金中包含多种不同晶体结构的相，而不同的相结构，其磁致伸缩性能和磁性能也大不相同。研究表明，A2 和 $D0_3$ 这两种相的磁致伸缩系数为正值，而 $L1_2$ 和 $D0_{19}$ 相的磁致伸缩系数是负值[27]。

1.3.2 第三元素掺杂 Fe-Ga 合金

为改善多晶 Fe-Ga 合金的磁致伸缩性能，研究者们在 Fe-Ga 合金中掺杂了小原子 C、B、N 等元素，发现这些小原子元素的掺杂对 Fe-Ga 合金磁致伸缩性能的影响很小[28-32]。也有研究者在 Fe-Ga 合金中掺杂 V、Cr、Mo、Mn、Co、Ni、Rh、Nb 等过渡族元素，发现合金的磁致伸缩系数不但不增反而降低了[33-36]。也有研究发现，Co、Sn、Be 等元素的掺杂对 Fe-Ga 合金的磁致伸缩系数几乎没有影响[37,38]。20 世纪 60 年代初，Clark 等发现低温下单晶镝的一个基面具有 1%的磁致伸缩应变，引起材料界的巨大反响。基于稀土单晶在特定晶体学方向上的大磁致伸缩系数，同时考虑到稀土元素因 4f 电子层而具有优异的磁学性质，以及部分稀土元素在以 Terfenol-D 为代表的巨磁致伸缩材料中发挥重要作用等原因，研究者们尝试将稀土元素掺杂到 Fe-Ga 合金中来改善其磁致伸缩性能。随后的研究发现将少量稀土元素 La[23]、Ce[39]、Er[40,41]、Y[42] 掺杂到 Fe-Ga 合金中，合金的磁致伸缩性能确实获得非常显著的提高。同时还发现所掺杂的稀土元素的磁晶各向异性越高，则掺杂效果越好。少量稀土元素掺杂能有效改善新型 Fe-Ga 合金的磁致伸缩性能，但现在关于磁致伸缩性能改善的理论机理仍然不清楚，需要进一步澄清。近年来有关稀土掺杂新型 Fe-Ga 磁致伸缩材料的研究成为磁致伸缩材料领域的一个重要研究课题。基于此，下面从稀土元素掺杂引起大磁致伸缩的根本原因出发，探索稀土元素掺杂引起 Fe-Ga 合金大磁致伸缩性能的理论机制。

1.3.3 稀土元素掺杂 Fe-Ga 合金

磁性来源于物质内部电子的运动。稀土元素原子的最外层电子结构相同，次外层电子结构相似，倒数第三层 4f 轨道上的电子数分别为 0～14。随着核外电子数的增加，新增加的电子不是填充到最外层或次外层，而是填充到 4f 内层。稀土元素的磁性主要与其未充满的 4f 壳层有关。4f 轨道中的电子受外层

$5s^2 5p^6$ 电子所屏蔽，受外场影响较小，原子对之间的相互作用也较小，主要是导电电子的间接交换作用。此外，稀土元素的自旋-轨道相互作用较强，其有效磁矩不仅取决于基态自旋量子数而且取决于轨道量子数，这些决定了稀土金属具有特殊的磁性[1]。例如，一些稀土化合物具有很高的饱和磁化强度，特别是重稀土金属如 Dy 在低温的饱和磁化强度为 0.3T，比 Fe 高约 1.5 倍；有些稀土化合物具有很高的各向异性常数（K），如 Gd、Tb、Dy、Er 等稀土元素的 K 值比 Fe 和 Ni 的大 2～3 个数量级；还有些稀土化合物具有很高的磁致伸缩系数，如在 100K 时 Tb 的磁致伸缩系数为 5300×10^{-6}，Dy 为 8000×10^{-6}，比 Ni 的 40×10^{-6} 大两个数量级。

稀土元素的 4f 轨道具有强烈的各向异性。在自发磁化时，由于 L-S 耦合及晶格场的作用，4f 电子云在某些特定方向上能量达到最低，即易磁化方向。稀土离子的 4f 轨道就锁定在某几个特殊的方向上，引起晶格沿着这几个方向大的畸变，当施加外磁场时就产生了大的磁致伸缩。例如单晶稀土族元素 Tb 和 Dy 在 4.2K 时其特定晶体学方向上的磁致伸缩系数最大可达 23600×10^{-6} 和 22000×10^{-6}，约为 Fe 的 1000 倍和 Ni 的 600 倍。也正因为 Tb 和 Dy 大的磁致伸缩效应，它们在稀土巨磁致伸缩材料中发挥着重要的作用。最初，研究者正是基于稀土元素具有特殊磁性的考虑，选择作为掺杂元素。江丽萍等[43,44] 发现在 $Fe_{83}Ga_{17}$ 合金中掺杂稀土元素 Dy 和 Tb 后，合金的饱和磁致伸缩系数显著提高，分析认为正是与 Dy 和 Tb 独特的 4f 电子层以及所形成的择优取向有关。

第一篇采用稀土元素掺杂 Fe-Ga 的文献发表于 2010 年，Jiang 等[43] 将稀土元素 Dy 掺杂到 $Fe_{83}Ga_{17}$ 合金，研究发现掺杂后合金的磁致伸缩性能获得大幅度的改善，磁致伸缩系数由原来的 72×10^{-6}（$Fe_{83}Ga_{17}$ 合金）提高到 300×10^{-6}（$Fe_{83}Ga_{17}Dy_{0.2}$），磁致伸缩系数增大了约 400%。随后有关稀土元素掺杂 Fe-Ga 合金的研究越来越多，特别是近十年。

稀土元素就是化学元素周期表中镧系元素，包括镧（La）、铈（Ce）、镨（Pr）、钕（Nd）、钷（Pm）、钐（Sm）、铕（Eu）、钆（Gd）、铽（Tb）、镝（Dy）、钬（Ho）、铒（Er）、铥（Tm）、镱（Yb）、镥（Lu），以及与镧系的 15 个元素密切相关的元素钇（Y）和钪（Sc），共 17 种元素。到目前为止，用作掺杂 Fe-Ga 合金改善磁致伸缩性能的稀土元素至少有 9 种，它们分别是镧（La）、铈（Ce）、镨（Pr）、钕（Nd）、钐（Sm）、铽（Tb）、镝（Dy）、铒（Er）、钇（Y）。研究者们在选择掺杂元素时考虑了稀土的种类，说明不同稀土元素掺杂引起磁致伸缩性能的改善程度或理论机制是不同的。在这些元素中，一般认为采用稀土铽（Tb）和镝（Dy）掺杂导致磁致伸缩性能改善幅度比较大。这一方面是源于稀土元素具有特殊的4f电子层结构而导致特殊的磁性，4f电子云的强各向异性，使得该元素有较高的磁晶各向异性，从而引起了大的磁致伸缩[1]；另一方面也与铽（Tb）和镝（Dy）元素在巨磁致伸缩材料中对磁致伸缩性能有重要贡献有关。最近几年，越来越多的稀土元素被掺杂在Fe-Ga合金中。

1.3.4 稀土元素掺杂导致Fe-Ga合金大磁致伸缩的理论机制

研究者普遍认为微量稀土元素掺杂能有效改善Fe-Ga合金的磁致伸缩性能。但稀土元素掺杂导致Fe-Ga合金大磁致伸缩理论机制的结论仍不一致，甚至相互矛盾。到目前，仍然缺乏一个统一的理论来解释稀土掺杂Fe-Ga合金磁致伸缩性能的机理，材料的进一步开发缺乏理论指导。因此，稀土元素掺杂Fe-Ga合金磁致伸缩机理成为目前稀土掺杂Fe-Ga合金研究遇到的主要问题。稀土掺杂Fe-Ga合金磁致伸缩机理解释困难主要是由于少量稀土掺杂于Fe-Ga合金，引起的合金相结构和微结构变化不显著。为了揭示稀土掺杂Fe-Ga合金磁致伸缩的理论机制，人们从多角度进行探索研究，也提出了一些相关的解释。这些解释大体可以分为两个方面。一方面是从稀土元素掺杂引起Fe-Ga合金大磁致伸缩的原因与所形成合金的微观组织、结构之间的关系进行研究。当在一个作为基体的晶体结构中掺入少量其他元素后，由于被掺杂元素在化学性质上和原有基体不同，晶格结构会出现各种各样的变化和缺陷，从而提升原有基体的性质或引入原来不具有的性质。所以在Fe-Ga合金中掺杂稀土元素的种类以及元素的含量都会对合金的微观组织结构产生影响，从而进一步影响其磁致伸缩性能。因此本书从晶格畸变、相结构转变和晶向择优取向这三个方面进行综述。

首先是源于A2相的晶格畸变。Jin等[45]用快淬的方法得到$(Fe_{0.83}Ga_{0.17})_{100-x}Dy_x$（$0<x<0.42$）合金薄带。通过实验发现，掺杂的Dy元素固溶于A2相中，其磁致伸缩性能有了很大的提高，并在$x=0.25$时，磁致伸缩系数达到最大值-662×10^{-6}，是$Fe_{83}Ga_{17}$合金的3倍。随后，他们[46]又研究了在较

宽冷却范围内 $Fe_{83}Ga_{17}$ 合金中 Tb 的固溶性，以及（$Fe_{0.83}Ga_{0.17}$）$_{100-x}Tb_x$（$0<x<0.47$）合金磁致伸缩性能的变化。研究发现，冷却速率越快，Tb 在 Fe-Ga 合金中的固溶性越高，从而导致磁致伸缩强度增大。最后，他们用高温退火的方式来调节 Tb 的固溶度，在退火过程中发现固溶的 Tb 原子扩散、偏聚并以第二相的形式析出，导致基体的四方畸变程度剧烈降低，因此合金的磁致伸缩性能大幅度降低[47]。所以，这些结果反证 Fe-Ga-Tb 合金的巨磁致伸缩效应的结构起源是：微量的大原子 Tb 固溶到基体中引起了较大的晶格畸变，从而增强了磁致伸缩性能。

He 等[23,48] 研究了 $Fe_{83}Ga_{17}La_x$（$x=0.00$，0.05，0.10，0.20，0.30，0.40）合金的磁致伸缩曲线，如图 1-4 所示。当 $x=0.20$ 时其合金的磁致伸缩系数从 -220×10^{-6} 增加到 -660×10^{-6}，超过该固溶极限然后达到饱和。所以，在 $x=0.20$ 时 La 元素掺杂起的作用最大。

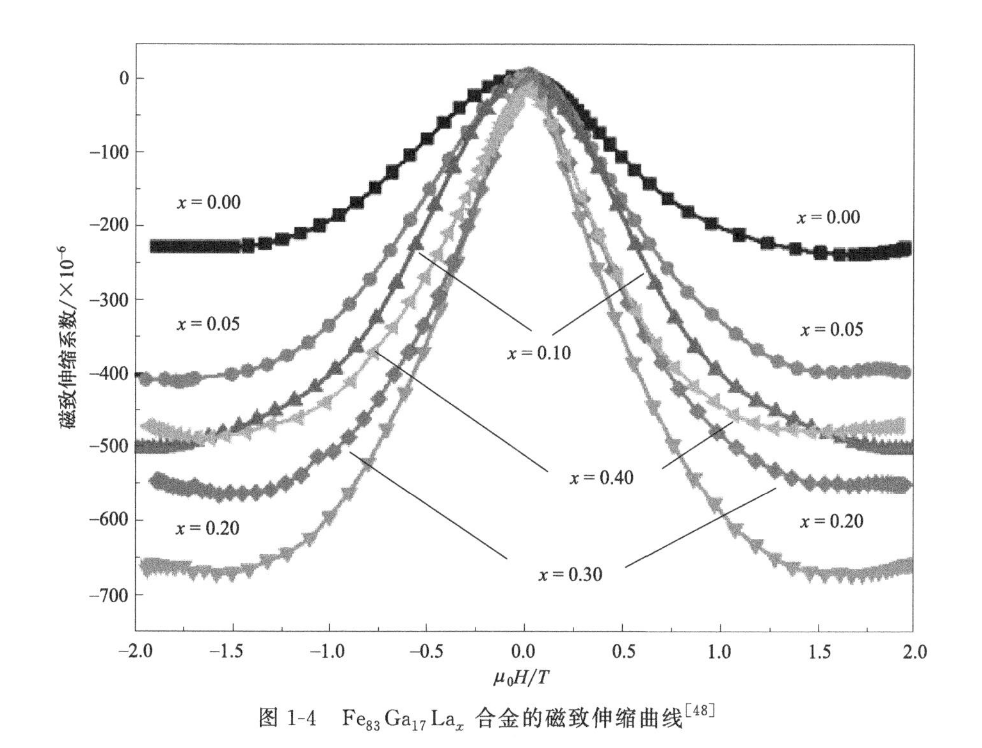

图 1-4　$Fe_{83}Ga_{17}La_x$ 合金的磁致伸缩曲线[48]

随后，他们又研究了 $Fe_{100-x}Ga_x$ 和 $Fe_{100-x}Ga_xLa_{0.2}$ 合金的磁致伸缩性能，发现在 Fe-Ga 合金中如果保持 A2 结构不变，La 掺杂对磁致伸缩没有影响，但在存在纳米异质性的两相区，La 掺杂对磁致伸缩有明显的增强作用。而且掺杂 La 后（301）峰会有劈峰出现，这个峰值向更低的角度方向移动，形成更大的晶格常数。所以，掺杂 La 元素后，纳米异质结构的产生使 A2 基体发生了四方畸变，在纳米异质结构中，La 掺杂物使基体的晶格常数变大，使整个基体产生了更明显的四方畸变，从而导致了大的磁致伸缩。

其次是源于相结构的转变。Yao 等[39] 制备了铸态的 $Fe_{83}Ga_{17}$ 和 $Fe_{83}Ga_{17}Ce_{0.8}$ 合金，并把部分铸态的 $Fe_{83}Ga_{17}Ce_{0.8}$ 合金进行快淬处理。发现其合金都保持了 A2 相结构，铸态 $Fe_{83}Ga_{17}$ 合金具有 bcc 结构的单一 Fe(Ga) 固溶相，铸态 $Fe_{83}Ga_{17}Ce_{0.8}$ 合金由 Fe(Ga) 相和少量的 $CeGa_2$ 第二相组成，而经过快淬处理的 $Fe_{83}Ga_{17}Ce_{0.8}$ 合金由 Fe(Ga)、$CeGa_2$ 和不对称 $D0_3$ 相组成。图 1-5 是对应的外加磁场下 $Fe_{83}Ga_{17}$ 和 $Fe_{83}Ga_{17}Ce_{0.8}$ 合金的磁致伸缩系数，结果显示掺杂 Ce 元素会使磁致伸缩系数增加，而铸态的 $Fe_{83}Ga_{17}Ce_{0.8}$ 合金 $CeGa_2$ 第二相的析出使得磁致伸缩系数比未掺杂 Ce 的铸态 $Fe_{83}Ga_{17}$ 大，而经过快淬处理的 $Fe_{83}Ga_{17}Ce_{0.8}$ 合金由于不对称 $D0_3$ 相的形成有助于提高其合金的磁致伸缩性能。

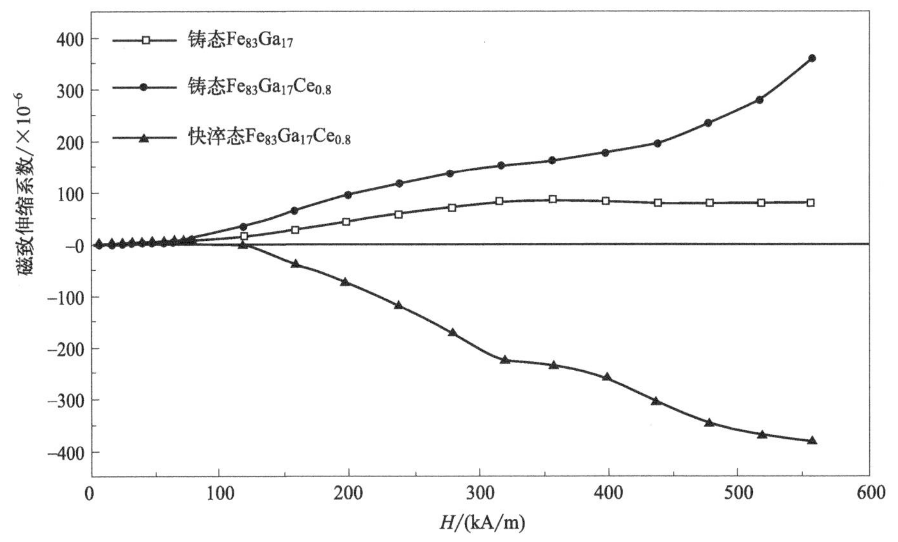

图 1-5　外加磁场下 $Fe_{83}Ga_{17}$ 和 $Fe_{83}Ga_{17}Ce_{0.8}$ 合金的磁致伸缩系数[39]

Palacheva 等[17,49] 研究了 Tb 掺杂对 Fe-Ga 合金相结构转变的影响。通过实验分析发现，在双相 Fe-27.4Ga 合金中，相转变为 $D0_3$-$L1_2$-$D0_{19}$-B2-A2，

当掺杂 Tb 后其相转变为 $D0_3$-B2(75%)+$L1_2$(25%)-B2(85%)+$D0_{19}$(15%)-B2-A2，从而得出少量掺杂 Tb 可以稳定 A2，B2 和 $D0_3$ 相，抑制有序的 $L1_2$ 和 $D0_{19}$ 相。与 $D0_3$ 基体相的正磁致伸缩相比，$L1_2$ 具有负磁致伸缩。因此，$L1_2$ 相的体积分数越低，室温下的饱和磁致伸缩越高。随后，他们又进一步研究分析了掺杂 Tb 会抑制 $L1_2$ 相的原因。经过实验发现，富 Tb 相的析出可能和 $L1_2$ 在晶界的成核存在竞争关系，因为它们都倾向于在 $D0_3$ 晶界成核，然而富 Tb 相沉淀在晶粒边界上，抑制了 $L1_2$ 相在晶粒边界上的成核。而合金磁致伸缩性能随合金相结构的变化而变化。

Li 等[42] 将稀土元素 Y 掺杂到 $Fe_{83}Ga_{17}$ 中，得到合金 $(Fe_{83}Ga_{17})_{100-x}Y_x$ (x=0，0.16，0.32，0.48，0.64)。发现合金保持原来的 bcc-Fe 结构不变，富 Y 的析出形成第二相 $Y_2Fe_{17-x}Ga_x$($6\leqslant x\leqslant 7$) 相，其结构为菱形 Th_2Zn_{17} 结构。Nouri 等[50] 通过实验分析了在 800℃时 Y-Fe-Ga 三元相图的等温段，发现其中包括 15 个单相区，32 个两相区，12 个三相区和 1 个液相区。而合金磁致伸缩性能随合金相结构的变化而变化。

梁雨萍等[40] 研究了 $Fe_{83}Ga_{17}Er_{0.4}$ 轧制合金不同热处理方式下的磁致伸缩性能及微观组织。在 700℃保温 3h 并淬火，发现淬火处理可以明显提高合金的磁致伸缩性能。由于冷却过程中，淬火处理抑制了 $D0_3$ 相的形成，而且由于淬火处理增大了合金的内应力，阻碍了晶粒中磁畴向磁场方向的转动，所以磁致伸缩系数从 37×10^{-6} 提高到 56×10^{-6}。

最后是源于晶向择优取向。当磁体被磁化时，磁体沿某些方向容易磁化，而其他方向则很难磁化。具有 bcc 结构的铁单晶的易磁化轴为 (100) 轴。同时，在研究 Fe-Ga 单晶的磁致伸缩性能时，发现沿 (100) 方向的磁致伸缩系数为 200×10^{-6}，而沿 (110) 方向的磁致伸缩系数为 100×10^{-6}[51,52]，即沿着 (100) 晶体方向的磁致伸缩系数最大[53-55]。因此，研究人员推测，在具有 bcc 结构的铁基合金中，沿 (100) 晶体方向的优选取向有利于合金的磁致伸缩性能。而且 Meng 等[56] 用亚快速定向凝固新型方法将稀土元素 Tb 掺杂到具有 (100) 取向的 $Fe_{83}Ga_{17}$ 单晶中。得到的 $Fe_{83}Ga_{17}Tb_{0.05}$ 单晶的磁致伸缩系数达到 310×10^{-6}，比未掺杂的 $Fe_{83}Ga_{17}$ 单晶磁致伸缩系数高出 50%。随后，他们又在一定条件下，沿晶体生长方向测量了 $(Fe_{0.83}Ga_{0.17})_{100-x}Tb_x$ (x=0,0.05,0.1,0.2,0.5) 合金定向凝固的磁致伸缩曲线。结果显示，(100)

方向的磁致伸缩性能随着 Tb 含量的不同在定向凝固过程中明显增强，当 $x=0.1$ 时其合金的磁致伸缩系数达到了 $(255\pm3)\times10^{-6}$，是未掺杂的 $Fe_{83}Ga_{17}$ 单晶磁致伸缩系数的 2 倍。

Li 等[42] 制备了 $(Fe_{83}Ga_{17})_{100-x}Y_x$（$x=0$，0.16，0.32，0.48，0.64）合金。实验发现当 $x=0.32$ 和 0.64 时其合金沿轴方向的（100）择优取向可以很明显被观察到，而且随着 Y 的增加取向程度也增加。这是由于柱状晶的形成使得掺杂 Y 元素过程中析出的富 Y 相沿晶界优先分布，导致晶粒的择优取向。龚沛等[57] 研究了 $Fe_{81}Ga_{19-x}Y_x$（$x=0.1$，0.2，0.3，0.4，0.5）合金的显微组织结构，发现合金凝固时，新增的形核质点阻碍了枝晶的横向生长，间接促进了合金枝晶沿着温度梯度方向的生长，从而客观上体现为 Y 的掺杂促进了合金的择优取向。

Wu 等[58] 用快淬的方法制得了 $(Fe_{0.83}Ga_{0.17})_{100-x}Sm_x$（$0<x<0.42$）合金薄带并测量了沿合金薄带长度方向的垂直磁致伸缩曲线，如图 1-6。当 $x=0.25$ 时垂直磁致伸缩系数达到 -500×10^{-6}。但是，与掺杂稀土元素 Tb 和 Dy 相比，Sm 元素的磁晶各向异性较弱，所以 $(Fe_{0.83}Ga_{0.17})_{99.75}Sm_{0.25}$ 合金的磁致伸缩系数并没有得到很大的提高，所以认为较强的磁晶各向异性能够引起更大的磁致伸缩。

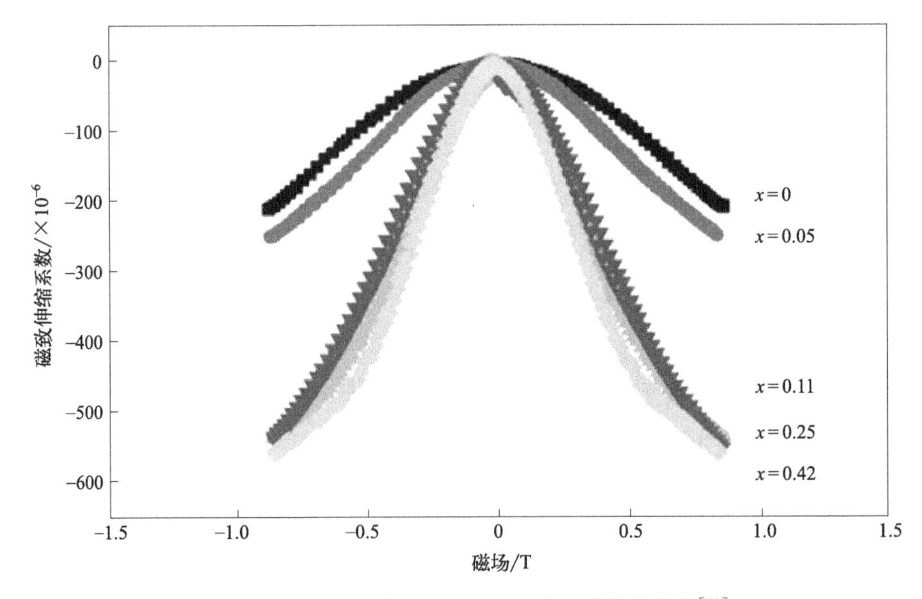

图 1-6 沿合金薄带长度方向的垂直磁致伸缩曲线[58]

1.4　铁基 Fe-Al 磁致伸缩材料研究进展

1.4.1　Fe-Al 合金微观结构

由于 Al 和 Ga 处于同一主族，所以两者具有相似的物理化学性能，而 Fe-Al 合金和 Fe-Ga 合金的相图也非常相似。图 1-7 为 Fe-Al 合金的平衡相图[59-61]，由相图可以看出，当 Al 原子分数小于 20%时，合金由无序 A2 相组成；当 Al 含量继续增加时会出现有序的 B2 相和 $D0_3$ 相（其晶体结构见图 1-8），且受温度的影响很大，当温度较高的时候倾向于形成 B2 相，当温度较低时则倾向于形成 $D0_3$ 相。

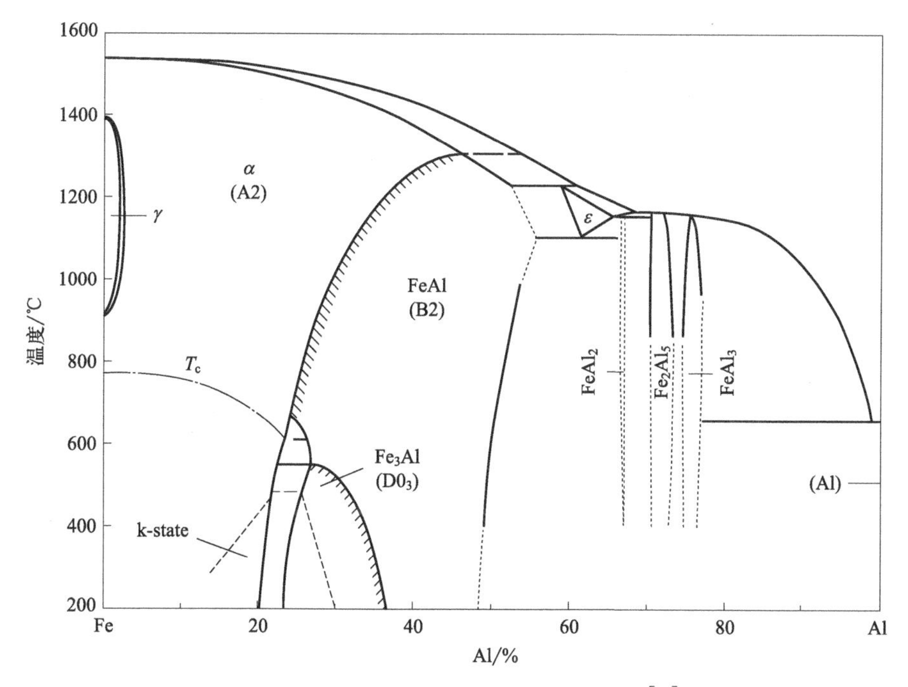

图 1-7　Fe-Al 合金富 Fe 一侧的平衡相图[59]

k-state—“k 态”区域，温度低于 450℃时，在如图铝浓度范围内，该区域出现一些诸如电阻、热膨胀、磁性和力学性能的异常现象；T_c—居里温度

由于 Fe-Al 合金的相图与 Fe-Ga 合金相图相似，所以 Fe-Al 合金的磁致伸缩性能也与 Fe-Ga 合金相似。Hall 等[62] 发现，Fe-Al 合金的磁致伸缩性能

随着 Al 含量的增加而增加，在 Al 原子分数 20%附近达到最大值。

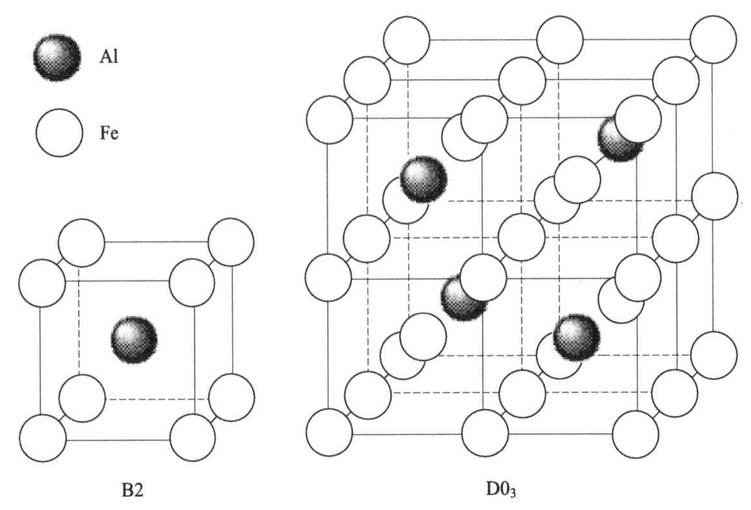

图 1-8 B2 和 $D0_3$ 相的晶体结构[59]

1.4.2 第三元素掺杂 Fe-Al 合金

为进一步改善 Fe-Al 合金的磁致伸缩性能，研究者们也采用了元素掺杂。刚开始仅有 Reddy 等[63] 报道了小原子碳掺杂，发现这种掺杂增加了 Fe-Al 合金的磁致伸缩性能。随后 Bormio-Nunes 等[64] 在该研究的基础上，在 Fe-Al 合金中掺杂了同样为小原子的 B 元素，发现其合金的磁致伸缩系数也得到了提高，其磁致伸缩系数为 78×10^{-6}，但磁致伸缩性能改善幅度比较小。而关于稀土元素掺杂 Fe-Al 合金的研究中，目前仅有 Han 等[24] 报道的 Tb 元素掺杂 $Fe_{82}Al_{18}$ 合金，结果发现其合金的磁致伸缩性能改善幅度较大。但是，到目前为止，稀土掺杂新型铁基二元磁致伸缩合金的研究多数集中在 Fe-Ga 合金，对于 Fe-Al 合金的研究却很少。所以关于稀土元素掺杂引起 Fe-Al 合金磁致伸缩系数变化的理论机制更无从得知。

参考文献

[1] 宛德福，马兴隆. 磁性物理学 [M]. 成都：电子科技大学出版社，1994.

[2] 北京大学物理系. 铁磁学 [M]. 北京：科学出版社，1976.

[3] CoeyJ M D. Magnetism and Magnetic Materials [M]. Cambridge: Cambridge University Press,2010.

[4] 薛双喜，李勤涛，冯尚申. 新型磁致伸缩材料 Fe-Ga 合金的研究进展 [J]. 材料导报，2009，23(15)：74.

[5] 姚占全，田晓，郝宏波，等. 元素替代、掺杂对 Fe-Ga 合金结构和磁致伸缩性能影响的研究进展 [J]. 材料导报，2014，28(21)：79.

[6] Summers E M，Lograsso T A，Wun-Fogle M. Magnetostriction of binary and ternary Fe-Ga alloys [J]. Journal of Materials Science，2007，42(23)：9582.

[7] Zhou T D，Zhang Y，Luan D C，et al. Effect of cerium on structure，magnetism and magnetostriction of $Fe_{81}Ga_{19}$ alloy [J]. Journal of Rare Earths，2018，36：721.

[8] Zhao L J，Tian X，Yao Z Q，et al. Effects of a large content of Yttrium doping on microstructure and magnetostriction of $Fe_{83}Ga_{17}$ alloy [J]. Solid State Phenomena，2019，288：27.

[9] Emdadi A A，Cifre J，Dementeva O Y，et al. Effect of heat treatment on ordering and functional properties of the Fe-19Ga alloy [J]. Journal of Alloys and Compounds，2015，619：58.

[10] Javed A，Szumiata T，Morley N A，et al. An investigation of the effect of structural order on magnetostriction and magnetic behavior of Fe-Ga alloy thin films [J]. Acta Materialia，2010，58：4003.

[11] Taheri P，Barua R，Hsu J，et al. Structure，magnetism，and magnetostrictive properties of mechanically alloyed $Fe_{81}Ga_{19}$ [J]. Journal of Alloys and Compounds，2016，661：306.

[12] 赵宣，田晓，姚占全，等. Fe-Ga 磁致伸缩合金相结构及其制备工艺研究进展 [J]. 中国稀土学报，2019，37(04)：389.

[13] 王瑞，赵宣，赵丽娟，等. 微量稀土元素掺杂引起 Fe-Ga 合金大磁致伸缩性能的研究进展 [J]. 材料导报，2020，34(07)：7146.

[14] Chopra H D，Wuttig M. Non-Joulian magnetostriction [J]. Nature，2015，521 (7552)：340.

[15] Wang J Q，Gao X X，Yuan C，et al. Magnetostriction properties of oriented poly-crystalline $CoFe_2O_4$ [J]. Journal of Magnetism and Magnetic Materials，2016，401：662.

[16] Guruswamy S，Mungsantisuk P，Corson R，et al. Rare-earth free Fe-Ga based mag-

netostrictive alloys for actuator and sensors [J]. Transactions of the Indian Institute of Metals, 2004, 57(4): 315.

[17] Golovin I S, Balagurov A M, Palacheva V V, et al. Influence of Tb on structure and properties of Fe-19% Ga and Fe-27% Ga alloys [J]. Journal of Alloys and Compounds, 2017, 707: 51.

[18] Cullen J R, Clark A E, Wun-Fogle M, et al. Magnetoelasticity of Fe-Ga and Fe-Al alloys [J]. Journal of Magnetism and Magnetic Materials, 2001, 226: 948.

[19] 梁雨萍，江丽萍，郝宏波，等. $Fe_{83}Ga_{17}La_x$ 合金的磁致伸缩性能及组织研究 [J]. 稀土，2018，03：41.

[20] 赵丽娟，田晓，姚占全，等. Fe 及 $Fe_{83}Ga_{17}$ 和 $Fe_{83}Ga_{17}Pr_{0.3}$ 合金的微结构与磁致伸缩性能 [J]. 材料导报，2018，32(16)：2832.

[21] Emdadia A, Palachevaa V V, Balagurovb A M, et al. Tb-dependent phase transitions in Fe-Ga functional alloys [J]. Intermetallics, 2018, 93: 55.

[22] Mehmood N, Sato Turtelli R, Grossinger R, et al. Magnetostriction of polycrystalline $Fe_{100-x}Al_x$ (x=15,19,25) [J]. Journal of Magnetism and Magnetic Materials, 2010, 322(9-12): 1609.

[23] He Y K, Jiang C B, Wu W, et al. Giant heterogeneous magnetostriction in Fe-Ga alloys: Effect of trace element doping [J]. Acta Materialia, 2016, 109: 177.

[24] Han Y J, Wang H, Zhang T L, et al. Giant magnetostriction in nanoheterogeneous Fe-Al alloys [J]. Applied Physics Letters, 2018, 112(8): 082402.

[25] Okamoto H. Phase Diagrams of Binary Iron Alloys [M]. OH: ASM International, 1993.

[26] Ikeda O, Kainuma R, Ohnuma I, et al. Phase equilibria and stability of ordered bcc phases in the Fe-rich portion of the Fe-Ga system [J]. Journal of Alloys and Compounds, 2002, 347(1-2): 198.

[27] Srisukhumbowornchai N, Guruswamy S. Influence of ordering on the magnetostriction of Fe-27.5 at.% Ga alloys [J]. Journal of Applied Physics, 2002, 92 (9): 5371.

[28] Huang M, Lograsso T A, Clark A E, et al. Effect of interstitial additions on magnetostriction in Fe-Ga alloys [J]. Journal of Applied Physics, 2008, 103 (7): 07B314.

[29] Huang M L, Du Y Z, McQueeney R J, et al. Effect of carbon addition on the single

crystalline magnetostriction of Fe-X（X=Al and Ga）alloys [J]. Journal of Applied Physics，2010，107(5)：053520.

[30] Bormio-Nunes C，Dos Santos C T，Leandro I F，et al. Improved magnetostriction of $Fe_{72}Ga_{28}$ boron doped alloys [J]. Journal of Applied Physics，2011，109(7)：07A934.

[31] Basumatary H，Palit M，Chelvane J A，et al. Beneficial effect of boron on the structural and magnetostrictive behavior of $Fe_{77}Ga_{23}$ alloy [J]. Journal of Magnetism and Magnetic Materials，2010，322(18)：2769.

[32] Sun A L，Liu J H，Jiang C B. Recrystallization，texture evolution，and magnetostriction behavior of rolled $(Fe_{81}Ga_{19})_{98}B_2$ sheets during low-to-high temperature heat treatments [J]. Journal of Materials Science，2014，49(13)：4565.

[33] Clark A E，Restorf J B，Wun-Fogle M，et al. Magnetostriction of ternary Fe-Ga-X（X= C，V，Cr，Mn，Co，Rh）alloys [J]. Journal of Applied Physics，2007，101(9)：09C507.

[34] Restorff J B，Wun-Fogle M，Clark A E，et al. Magnetostriction of ternary Fe-Ga-X alloys（X=Ni，Mo，Sn，Al）[J]. Journal of Applied Physics，2002，91(10)：8225.

[35] Takahashi T，Okazaki T，Furuya Y. Improvement in the mechanical strength of magnetostrictive（Fe-Ga-Al)-X-C（X=Zr，Nb and Mo）alloys by carbide precipitation [J]. Scripta Materialia，2008，61(1)：5.

[36] Na S M，Flatau A B. Deformation behavior and magnetostriction of polycrystalline Fe-Ga-X（X= B，C，Mn，Mo，Nb，NbC）alloys [J]. Journal of Applied Physics，2008，103(7)：07D304.

[37] Bormio-Nunes C，Sato Turtelli R，Mueller H，et al. Magnetostriction and structural characterization of Fe-Ga-X（X=Co，Ni，Al）mold-cast bulk [J]. Journal of Magnetic materials，2005，290-291：820.

[38] Mungsantisuk P，Corson R P，Guruswamy S，et al. Influence of Be and Al on the magnetostrictive behavior of FeGa alloys [J]. Journal of Applied Physics，2005，98(12)：123907.

[39] Yao Z Q，Tian X，Jiang L P，et al. Influences of rare earth element Ce-doping and melt-spinning on microstructure and magnetostriction of $Fe_{83}Ga_{17}$ alloy [J]. Journal of Alloys and Compounds，2015，637：431.

[40] 梁雨萍，郝宏波，王婷婷，等. 轧制 $Fe_{83}Ga_{17}Er_{0.4}$ 合金的磁致伸缩性能及显微组织 [J]. 稀土，2016，37(6)：75.

[41] Barua R, Taheri P, Chen Y J, et al. Giant enhancement of magnetostrictive response in directionally-solidified $Fe_{83}Ga_{17}Er_x$ compounds [J]. Materials, 2018, 11(6): 1039.

[42] Li J H, Xiao X M, Yuan C, et al. Effect of yttrium on the mechanical and magnetostrictive properties of $Fe_{83}Ga_{17}$ alloy [J]. Journal of Rare Earths, 2015, 33(10): 1087.

[43] Jiang L P, Zhang G R, Yang J D, et al. Research on microstructure and magnetostriction of $Fe_{83}Ga_{17}Dy_x$ alloys [J]. Journal of rare earths, 2010, 28: 409.

[44] 龚沛，江丽萍，赵增祺，等. $Fe_{83}Ga_{17}Tb_y$ 合金组织结构及磁致伸缩性能的影响[J]. 稀有金属材料与工程，2013，42：3667.

[45] Jin T Y, Wu W, Jiang C B. Improved magnetostriction of Dy-doped $Fe_{83}Ga_{17}$ melt-spun ribbons [J]. Scripta Materialia, 2014, 74: 100.

[46] Wei W, Liu J H, Jiang C B. Tb solid solution and enhanced magnetostriction in $Fe_{83}Ga_{17}$ alloys [J]. Journal of Alloys and Compounds, 2015, 622: 379.

[47] Han Y J, Wang H, Zhang T L, et al. Exploring structural origin of the enhanced magnetostriction in Tb-doped $Fe_{83}Ga_{17}$ ribbons: Tuning Tb solubility [J]. Scripta Materialia, 2018, 150: 101.

[48] He Y K, Ke X Q, Jing C B, et al. Interaction of Trace Rare-Earth Dopants and Nanoheterogeneities Induces Giant Magnetostriction in Fe-Ga Alloys [J]. Advanced Functional Materials, 2018, 28(20): 1800858.

[49] Emdadi A, Palacheva V V, Cheverikin V V, et al. Structure and magnetic properties of Fe-Ga alloys doped by Tb [J]. Journal of Alloys and Compounds, 2018, 758: 214.

[50] Nouri K, Jemmali M, Walha S, et al. Experimental investigation of the Y-Fe-Ga ternary phase diagram: Phase equilibria and new isothermal section at 800℃ [J]. Journal of Alloys and Compounds, 2017, 719: 256.

[51] Atulasimha J, Flatau A B. A review of magnetostrictive iron-gallium alloys [J]. Smart Materials and Structures, 2011, 20(4): 043001.

[52] Wang Z B, Liu J H, Jiang C B. Magnetostriction of $Fe_{81}Ga_{19}$ oriented crystals [J]. Chinese Physics B, 2010, 19(11): 646.

[53] Wu Y Y, Chen Y J, Meng C Z, et al. Multiscale influence of trace Tb addition on the magnetostriction and ductility of (100) oriented directionally solidified Fe-Ga crys-

tals [J]. Physical Review Materials，2019，3：033401.

[54] He Y K，Coey J M D，Schaefer R，et al. Determination of bulk domain structure and magnetization process in bcc ferromagnetic alloys：Analysis of magnetostriction in $Fe_{83}Ga_{17}$ [J]. Physical Review Materials，2018，2 (1).

[55] Clark A E，Wun-Fogle M，Restorff J B，et al. Temperature dependence of the magnetic anisotropy and magnetostriction of $Fe_{100-x}Ga_x$ ($x=8.6$，16.6，28.5) [J]. Journal of Applied Physics，2005 (10)：97.

[56] Meng C Z，Jiang C B. Magnetostriction of a $Fe_{83}Ga_{17}$ single crystal slightly doped with Tb [J]. Scripta Materialia，2016，114：9.

[57] 龚沛，江丽萍，闫文俊，等. Y对铸态 $Fe_{81}Ga_{19}$ 合金组织结构及磁致伸缩性能的影响 [J]. 稀土，2016，37(2)：91.

[58] Wu W，Jiang C B. Improved magnetostriction of $Fe_{83}Ga_{17}$ ribbons doped with Sm [J]. Rare Metals，2017，36：18.

[59] Ikeda O，Ohnuma I，Kainuma R，et al. Phase equilibria and stability of ordered BCC phases in the Fe-rich portion of the Fe-Al system [J]. Intermetallics，2001，9：755.

[60] Guruswamy S，Garside G，Ren C，et al. Ordering and magnetostriction in Fe alloy single crystals [J]. Progress in Crystal Growth and Characterization of Materials，2011，57(2-3)：43.

[61] 长崎诚三，平林真. 二元状态图集 [M]. 北京：冶金工业出版社，2004.

[62] Hall R C. Single crystal anisotropy and magnetostriction constants of several ferromagnetic materials including alloys of NiFe，SiFe，AlFe，CoNi，and CoFe [J]. Journal of Applied Physics，1959，30(6)：816.

[63] Reddy B V，Deevi S C. Local interactions of carbon in FeAl alloys [J]. Materials Science and Engineering，2002，369：395.

[64] Bormio-Nunes C，Dos Santos C T，Dias M B D，et al. Magnetostriction of the polycrystalline $Fe_{80}Al_{20}$ alloy doped with boron [J]. Journal of Alloys and Compounds，2012，539：226.

第2章

定向凝固对Fe-Ga磁致伸缩合金的影响

自18世纪40年代磁致伸缩效应被Joule在金属铁上发现以来，人们就开始对磁致伸缩材料有了深入的研究和广泛的应用[1]。如今，磁致伸缩材料在现代工业应用广泛，如在显微操作、扭矩感应、液位计和超声传感器等领域扮演着越来越重要的角色[2-5]。第一代磁致伸缩材料，如Fe、Ni以及它们的合金，具有极好的延展性，优异的力学性能，能够使这些材料制成薄板或线状[6-8]，但它们的磁致伸缩性能没有超过100×10^{-6}。之后，为进一步开发高磁致伸缩性能材料，人们发现Tb-Dy-Fe合金的磁致伸缩性能在只有最小立方各向异性的情况下，具有超过1000×10^{-6}的巨磁致伸缩性能。但是由于合金中含有大量的稀土，其价格较高，限制了进一步应用[9,10]。令人惊喜的是，Clark等在2000年发现了一种新型磁致伸缩材料——Fe-Ga磁致伸缩合金[11]。与Tb-Dy-Fe合金相比，Fe-Ga合金具有低磁场下较好的磁致伸缩性能、无稀土导致低廉的成本和较好的机械成型性能等优势[12,13]。

Fe的磁致伸缩系数仅为-10×10^{-6}[1]。在掺杂非磁性Ga元素后，Fe-Ga合金展现出了较大的磁致伸缩系数，单晶Fe-Ga的磁致伸缩系数约为300×10^{-6}[14]，铸态多晶Fe-Ga合金的磁致伸缩系数约为$(40\sim70)\times10^{-6}$[15]，非平衡熔体快淬Fe-Ga合金的磁致伸缩系数约为235×10^{-6}[16]。针对Fe-Ga合金晶体结构不同，有如此悬殊磁致伸缩性能的现象，人们给出了多种解释。最初的解释是采用自旋轨道耦合理论。但自旋轨道耦合理论无法解释非磁性Ga元素掺杂引起Fe-Ga合金磁致伸缩系数的增加问题[1]。之后，无序bcc结构中优先(100)Ga-Ga原子对的解释，被普遍认为是Fe-Ga合金磁致伸缩系数增加的原因[17]。随后，人们在$D0_3$和无序bcc的两相区域发现了具有$L6_0$结构的四方改性$D0_3$（m-$D0_3$）纳米夹杂物，这增强了Fe-Ga合金的（001）取向[18]。现在，纳米异质结构以某种方式引起基体的四方形变并导致Fe-Ga合金形成（001）取向的解释被普遍接受[19]。从上述的解释中可以看出，Fe-Ga磁致伸缩的增加与（100）择优取向密切相关。

基于以上的结论，人们做了许多努力来提升Fe-Ga合金的磁致伸缩性能。Zhao等[20]制备了（001）取向的Fe-Ga复合材料。Farrell等[21]使用改良Taylor线法制备了（001）取向的Fe-Ga线。Yuan等[22]发现，热轧中的中间退火可以促使Fe-Ga薄片上形成（001）择优取向。与上述制备方法相比，非平衡定向凝固采用强制性方法，在凝固和未凝固的金属熔体中沿特定方向建立了温度梯度，从而使熔体沿与热流相反的方向凝固，而获得具有特定取向的柱状晶体。通过调节凝固过程中的冷却速率，可以控制组织的晶粒取向，并获得具有择优取向的柱状晶粒，可以有效地提高合金的磁致伸缩性能[23-28]。因此，有必要研究不同的定向凝固冷却速率对Fe-Ga合金磁致伸缩性能的影响，以进一步提高这种制备方法的效率，以制备磁致伸缩性能更好的Fe-Ga合金。

在本章中，采用改进的垂直Bridgman定向凝固方法在五种不同的冷却速率下制备了$Fe_{83}Ga_{17}$合金。研究了不同冷却速率对Fe-Ga合金显微组织、晶体织构、磁性能以及磁致伸缩性能的影响。

2.1 Fe-Ga合金的定向凝固制备及其结构与性能表征方法

采用氩气保护的真空电弧熔炼炉熔炼$Fe_{83}Ga_{17}$合金铸锭。真空电弧熔炼炉是在氩气气氛中通过钨电极头与铜坩埚之间产生的高温电弧来熔融金属原料。熔炼过程：金属原料首先被放到内部有循环冷却水的铜坩埚中，使用机械泵将熔炼炉腔体内抽真空到0.1Pa左右，再用分子泵抽真空到2.5×10^{-3}Pa，然后充入氩气，在氩气气氛中反复翻转熔炼4次，以保证铸锭中的金属原料混合均匀。每个样品的质量为20g，并且每个样品的质量损失控制在1%以下。然后，使用定向凝固（DS）炉以五种不同的冷却速率（0mm/min，6mm/min，9mm/min，30mm/min和60mm/min）制备定向凝固铸锭。

样品的相结构通过X射线衍射仪（XRD，Malvern Panalytical Empyrean X-ray diffractometer）进行分析。采用扫描电子显微镜（SEM，ZEISS Sigma500）和光学显微镜（OM，ZEISS metallographic microscopy Axio Imager A2m）检查样品的表面形态，进行成分分析。通过电子背散射衍射（EBSD，OxFord Instruments Nanoanalysis Symmetry）检查铸态和30mm/min定向凝固样品的取向。通过应变片法测量样品的磁致伸缩性能，施加的磁场平行于样品平面。因此，测量的是磁致伸缩系数$\lambda_{//}$（即固有磁致伸缩系数）。

2.2 铸态及定向凝固态Fe-Ga合金的微观结构

图2-1是铸态和定向凝固态Fe-Ga合金的光学显微照片。从图2-1可以看出，铸态合金呈现出等轴晶晶粒，没有发生择优取向。6mm/min定向凝固合金样品呈柱状晶，呈现出明显的择优取向。随着冷却速率的增大，从6～9mm/min定向凝固合金样品的晶粒尺寸逐渐增大。这是随着冷却速率的增加，不同的过冷程度形成所致。

通常，在凝固过程中，溶质（Ga元素）只能通过缓慢扩散穿过边界区域与液体之间的界面，而溶剂（Fe元素）可以通过快速对流在溶液的其他部分中流动[29]。因此，溶质（Ga元素）将聚集在边界区域并形成过冷。过冷宽度（ΔX）可以通过以下公式计算：

$$\Delta X=\frac{2D_L}{R}+\frac{2K_0G_LD_L^2}{m_LC_0(1-K_0)R^2} \tag{2-1}$$

而过冷度可以通过以下公式计算：

$$\Delta T=-\frac{m_LC_0(1-K_0)}{K_0}(1-e^{-\frac{R}{D_L}})-G_L \tag{2-2}$$

式中，D_L为溶质在液体中的扩散系数，m^2/s；R为凝固速度，m/s；K_0为平衡分配系数；G_L为固液界面前端液相实际的温度梯度，K/m；m_L为液相线的斜率，%（原子分数）/K；C_0为合金的原始成分，%（原子分数）。

根据式(2-1)和式(2-2)，随着冷却速率的增加，ΔX将减小，而ΔT将增加。随着ΔT的增加和ΔX的减小，晶粒结构发生了晶胞-柱状枝晶-等距枝晶的变化[30]。从图2-1可以看出，随着冷却速率的增大，从6～9mm/min定向凝固合金样品的晶粒尺寸逐渐增大，从 400μm 增大到 1mm，这是由于树枝晶的形成[31]。随着冷却速率的进一步提高，30mm/min 样品的晶粒尺寸趋于减小，而 60mm/min 样品的晶粒结构则转变为等轴枝晶。对于 60mm/min 的样品，冷却速率的增长引起晶粒结构的转变。但是对于 30mm/min 的样品，则需要进一步的研究。

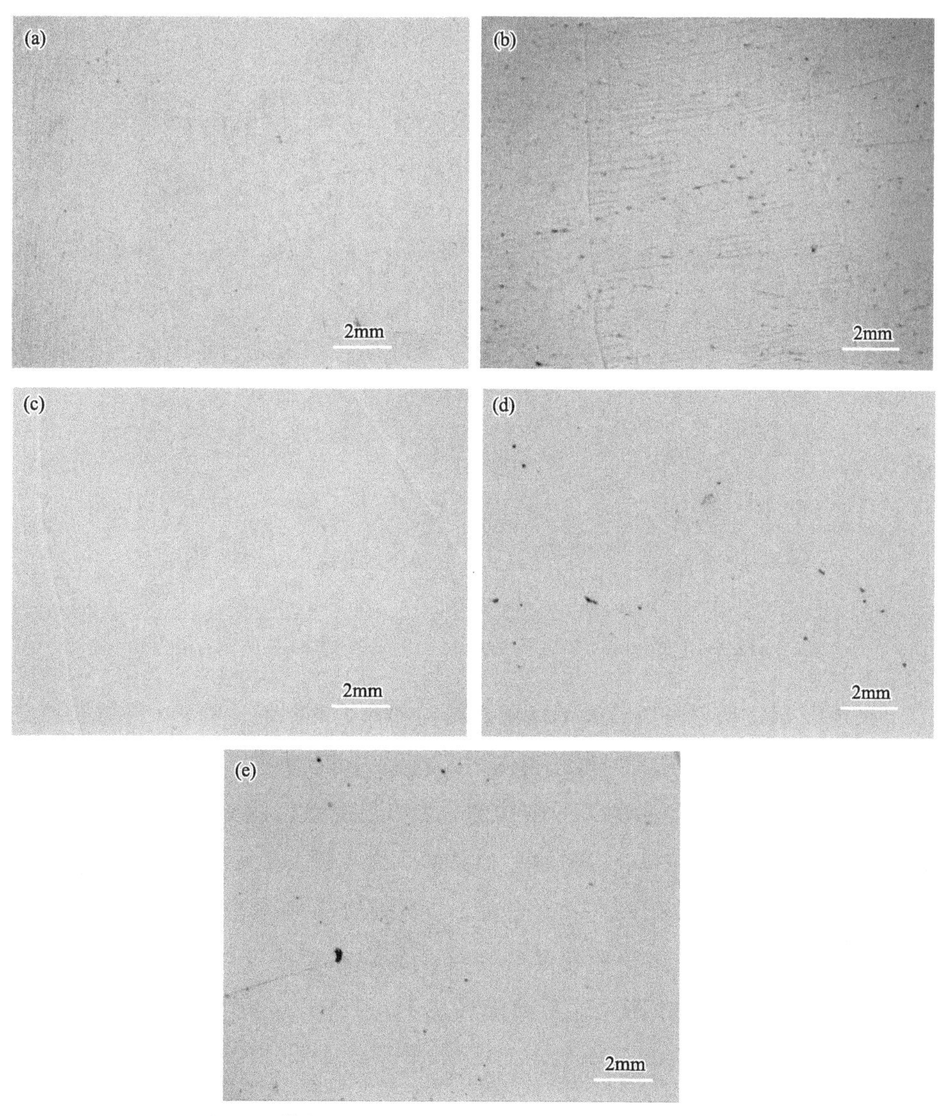

图 2-1　铸态和定向凝固态 Fe-Ga 合金的光学显微照片

(a) 铸态；(b) 6mm/min；(c) 9mm/min；(d) 30mm/min；(e) 60mm/min

图 2-2 是 30mm/min 定向凝固合金样品的 SEM 显微照片。从图 2-2 可以看出，在柱状晶体内部，有内生的柱状晶体生长（箭头标记），这导致了图 2-1(d) 所示的 30mm/min 样品较小的晶粒尺寸。内生生长的柱状晶体是由冷却速率的增加而产生的。随着冷却速率的增加，液固界面前部的过冷度也在增加。一旦远离界面的过冷度大于异质成核所需的过冷度，新的晶核将在界面前的内部熔体中生成，从而导致内生生长[30]。

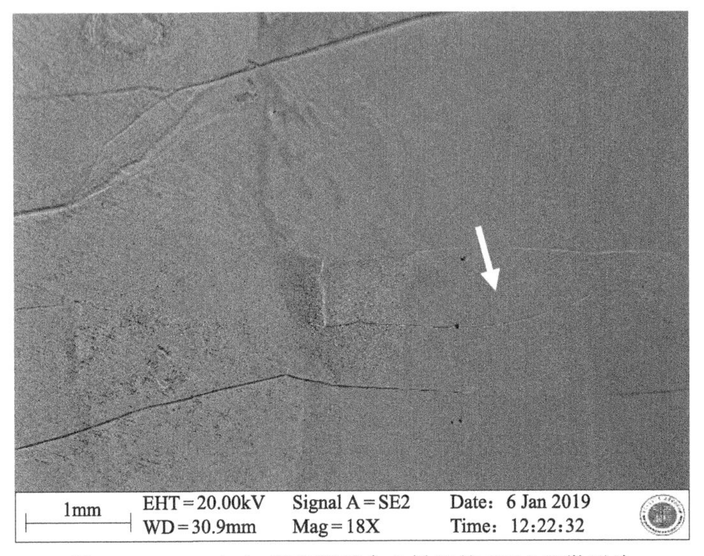

图 2-2　30mm/min 定向凝固合金样品的 SEM 显微照片

采用 X 射线衍射分析合金的微观相结构和择优取向性。图 2-3 是铸态和定向凝固态 Fe-Ga 合金的 X 射线衍射图谱及相关的衍射参数。从图 2-3(a) 可以看出，所有样品均由单一的 bcc 结构的 A2 相组成。由图 2-3(b) 可以看出，定向凝固样品的冷却速率会导致这些样品的晶格常数发生变化。

结果表明，随着冷却速率的增加，A2 相的晶格常数先增大，然后从 6mm/min 开始减小，这种变化趋势与合金晶粒相貌的变化趋势相一致。此外，从图 2-3(b) 中还发现，衍射峰强度比 $I_{(200)}/I_{(110)}$ 随着冷却速率的增加呈下降趋势，表明（100）择优取向的水平逐渐恶化。当冷却速率增加到 60mm/min 时，柱状晶形貌消失，因此 $I_{(200)}/I_{(110)}$ 显著增加，是铸态样品的 5 倍多。尽管晶粒形态完全不同，但定向凝固样品是各向异性的，并且在适当的加工范围内可以实现显著的（100）择优取向。

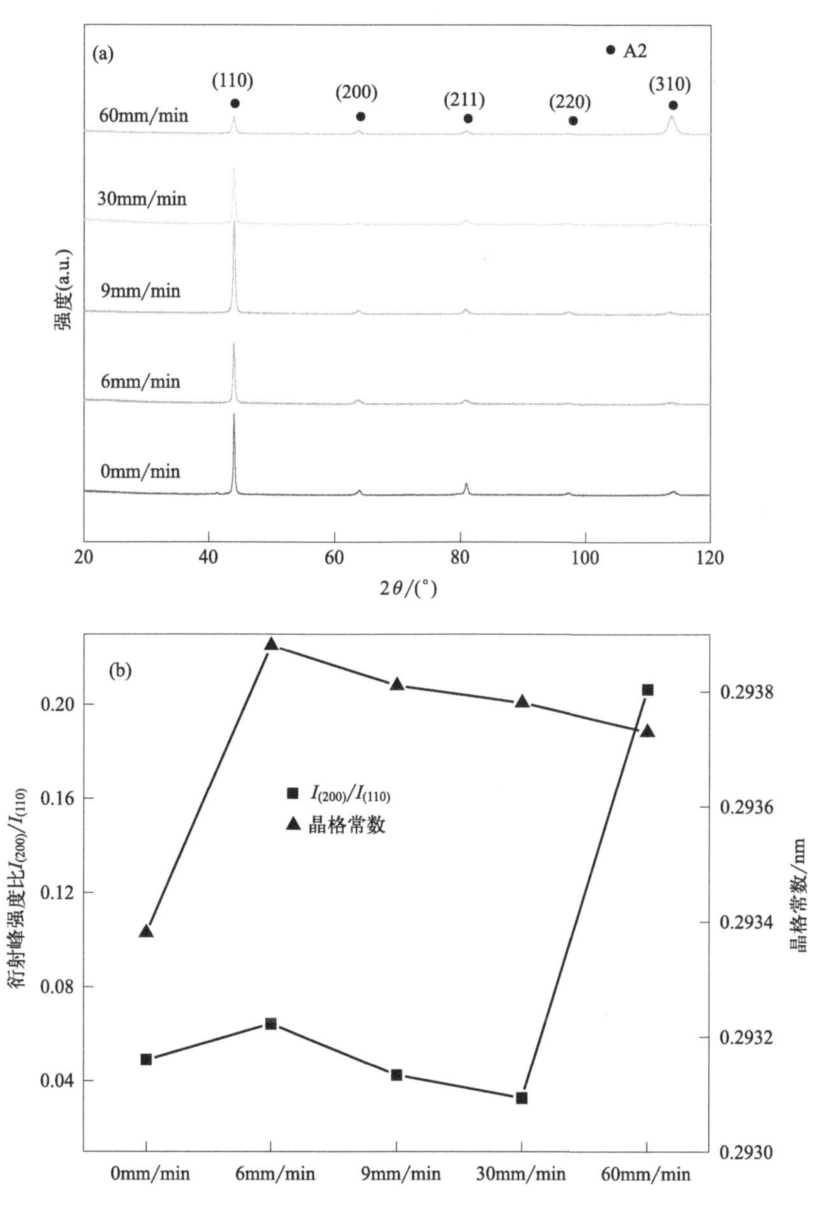

图 2-3　(a) 铸态和定向凝固 $Fe_{83}Ga_{17}$ 合金的 X 射线衍射图；(b) 铸态和定向凝固 $Fe_{83}Ga_{17}$ 合金的晶格常数和衍射峰强度比 $I_{(200)}/I_{(110)}$

采用电子背散射衍射（EBSD）进一步分析铸态和定向凝固合金样品微观结构的差异。图 2-4、图 2-5 和表 2-1 是铸态和 30mm/min 定向凝固合金样品的 EBSD 结果。从图 2-4 可以看出，与铸态合金样品相比，定向凝固工艺产生的织构不仅具有（001）取向织构，而且还具有（110）和（111）取向织构。但（001）取向织构仍是主要织构。此外，与铸态合金样品相比，（001）取向织构的最大密度从 20.08 增加到 59.27。这表明定向凝固过程将促进纹理的形成。

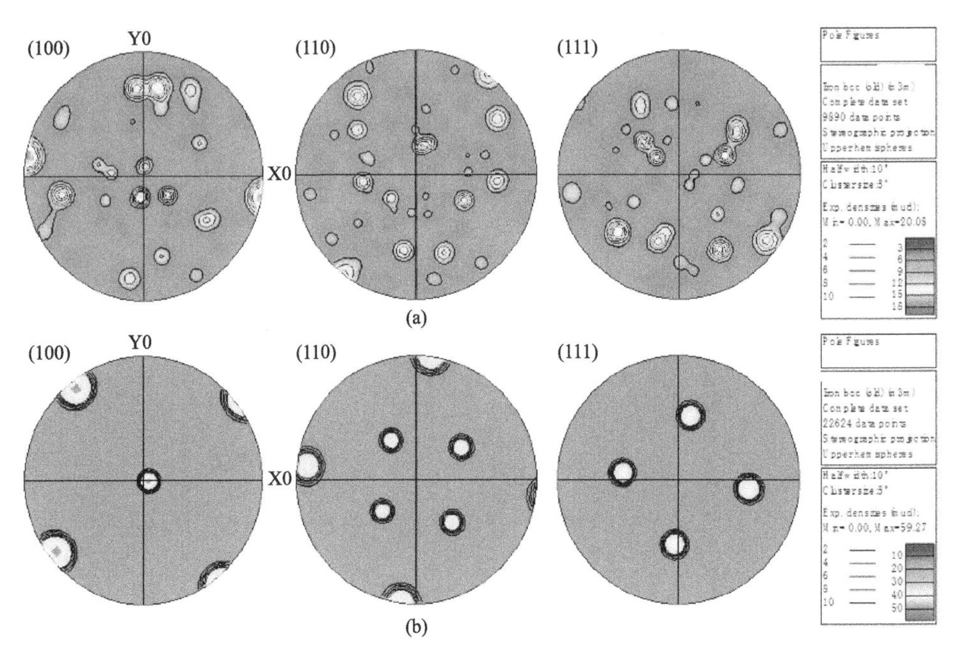

图 2-4　合金样品的极图（PF）

（a）铸态；（b）30mm/min 定向凝固样品

图 2-5 和表 2-1 是由菊池衍射法确定的 30mm/min 定向凝固样品的晶体结构。结果表明，定向凝固工艺诱导合金形成具有单斜结构的 Fe_6Ga_5 相。Fe_6Ga_5 相形成的原因是合金在凝固过程中的偏析。在凝固过程中，开始凝固部分的溶质含量（即 Ga 含量）低于后来凝固部分，这会导致在后来凝固部分中溶质的富集，从而形成仅在溶质含量较高时才会形成的相[32]。根据 Fe-Ga 相图[33]，Fe_6Ga_5 相只有当 Ga 含量大于 28%时才会形成。

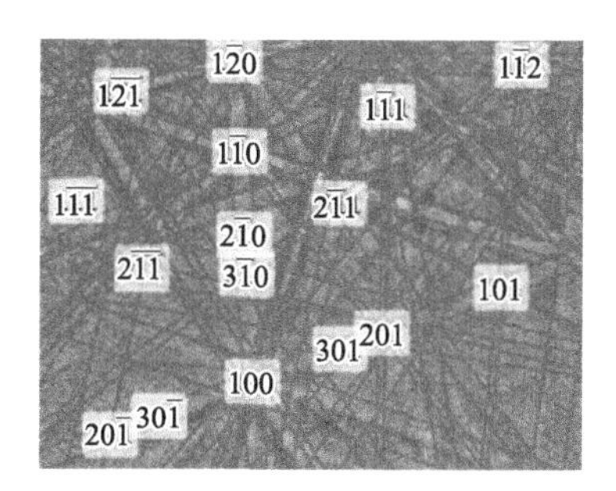

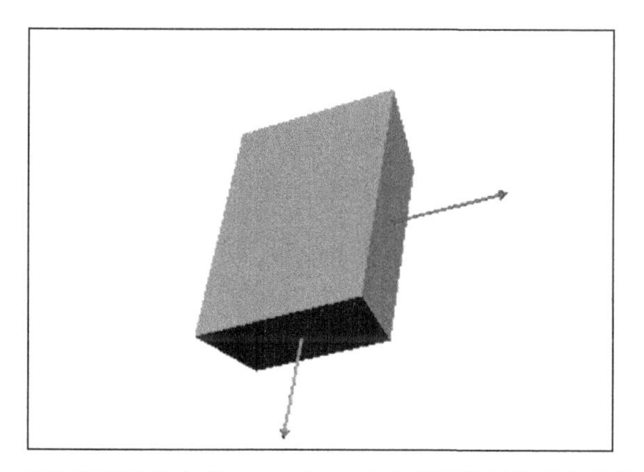

图 2-5　菊池衍射法测定的 30mm/min 定向凝固样品的晶体结构

表 2-1　菊池衍射法测得的 30mm/min 定向凝固样品的晶体参数

信息描述	
相	Fe_6Ga_5
数据库	无机晶体结构数据库

续表

晶体结构	
晶系	单斜晶系
劳厄群	2
空间群	12
晶胞	
晶格常数 *a*	10.06Å
晶格常数 *b*	7.95Å
晶格常数 *c*	7.75Å
a 和 *b* 轴间夹角 *α*	90.00°
a 和 *c* 轴间夹角 *β*	109.30°
b 和 *c* 轴间夹角 *γ*	90.00°

2.3 铸态及定向凝固态 Fe-Ga 合金的磁致伸缩性能

图 2-6 是铸态和定向凝固 Fe-Ga 合金的磁致伸缩性能曲线。由图 2-6 可见，定向凝固有利于 Fe-Ga 合金的磁致伸缩性能改善，30mm/min 定向凝固合金样品展示了最大的磁致伸缩性能。这可能源于合金中形成了 Fe_6Ga_5 相和柱状晶。大的冷却速率引起偏析，从而导致 Fe_6Ga_5 相形成。正如图 2-5 和表 2-1 所示，Fe_6Ga_5 相的结构为单斜结构。与 bcc 结构的 A2 相相比，单斜晶系为各向异性晶体。一般，晶体的各向异性会促进样品的磁致伸缩效应[1]。可见，Fe_6Ga_5 相可能会促进样品的磁致伸缩。晶体结构的各向异性引起磁致伸缩增强能够在稀土掺杂 Fe-Ga 快淬态合金中发现，A2 相的四方畸变引起合金样品磁致伸缩的增加[19,34,35]。而对于 60mm/min 定向凝固合金样品，大的冷却速率导致合金形成等轴晶，合金中的等轴晶阻碍了合金样品磁致伸缩性能改善。对于 9mm/min 定向凝固合金样品，它的柱状晶体可能会产生很大的磁致伸缩性能。

众所周知，磁致伸缩是一种变形[1]。因此，当 Fe-Ga 合金沿外加磁场伸长时，变形程度会影响其磁致伸缩性能。变形的难易程度可以通过施密特因子

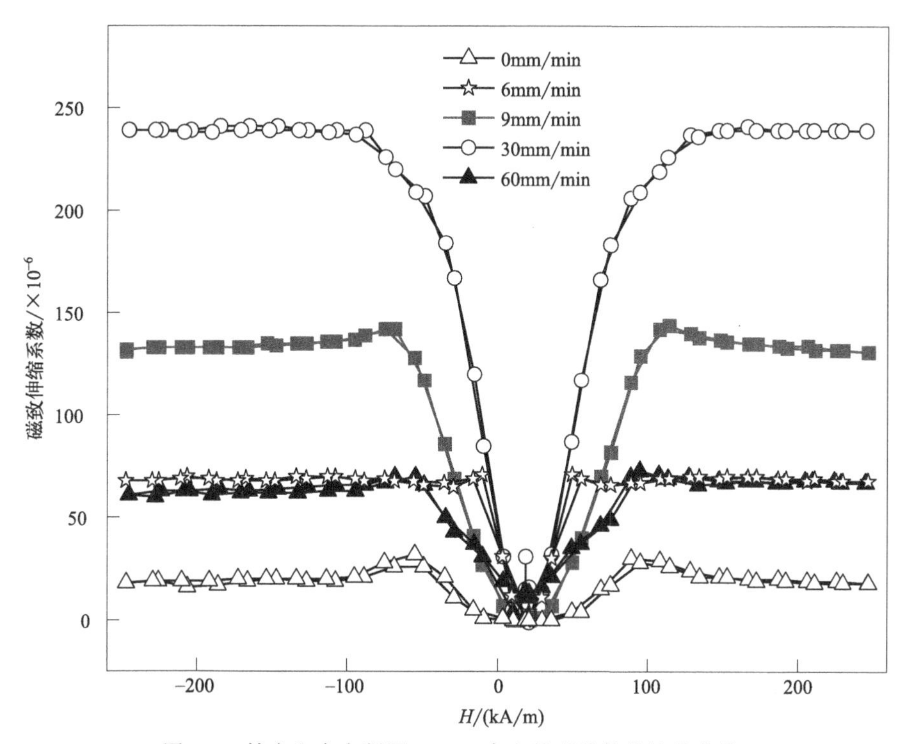

图 2-6　铸态和定向凝固 Fe-Ga 合金的磁致伸缩性能曲线

(Schmidt factor) 来判断[29,36]。图 2-7 是由 EBSD 获得的施密特因子。由图 2-7 可见，与铸态合金相比，30mm/min 定向凝固合金样品的施密特因子更高。较高的施密特因子表明该样品更容易伸长并且其磁致伸缩性能将更好。

总体来看，本章通过对比研究了铸态和不同冷却速率下定向凝固 Fe-Ga 合金显微组织和磁致伸缩性能，得到如下主要结论：

① 30mm/min 的冷却速率更容易诱导 Fe_6Ga_5 相的形成。与 bcc 结构的 A2 相相比，单斜结构的 Fe_6Ga_5 相呈现各向异性。此外，30mm/min 的冷却速率会诱导内生生长的柱状晶的形成。

② 定向凝固工艺可以大大提高 Fe-Ga 合金的磁致伸缩。随着冷却速率的增加，磁致伸缩系数先增大后减小。30mm/min 的冷却速率定向凝固合金样品具有最大的磁致伸缩性能。这是由于合金中形成了 Fe_6Ga_5 相和内生生长的柱状晶体。此外，与铸态合金样品相比，30mm/min 定向凝固合金样品的施密特因子 (Schmidt factor) 最大，这有利于改善合金的磁致伸缩性能。

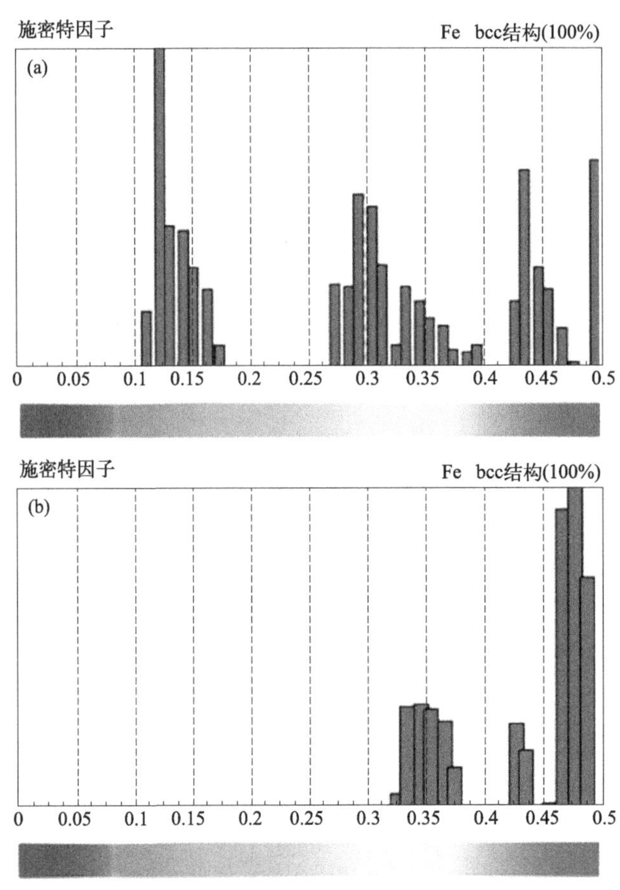

图 2-7 由 EBSD 得到的 Fe-Ga 合金的施密特因子

（a）铸态；（b）30mm/min 定向凝固合金

参考文献

［1］ Coey J M D. Magnetism and Magnetic Materials [M]. Cambridge：Cambridge University Press，2010.

［2］ Ikeda O，Kainuma R，Ohnuma I，et al. Phase equilibria and stability of ordered b. c. c phases in the Fe-rich portion of the Fe-Ga system [J]. Journal of Alloys and Compounds，2002，347(1-2)：198.

［3］ Deng Z X，Dapino M J. Review of magnetostrictive vibration energy harvesters [J]. Smart Materials and Structure，2017，26(10)：103001.

[4] Atulasimha J, Flatau A B. A review of magnetostritive iron-gallium alloys [J]. Smart Materials and Structure, 2011, 20(4): 043001.

[5] Polewczyk V, Dumesnil K, Lacour D, et al. Unipolar and bipolar high-magnetic-field sensors based on surface acoustic wave resonators [J]. Physical Review Applied, 2017, 8(2): 024001.

[6] Ktena A, Mannasis C, Hrisoforou E. On the measurement of permeability and magnetostriction in ribbons and wires [J]. IEEE Transactions on Magnetics, 2014, 50 (4): 6100504.

[7] Yamaguchi A, Motoi K, Hirohata A, et al. Broadband ferromagnetic resonance of $Ni_{81}Fe_{19}$ wires using a rectifying effect [J]. Physical Review B, 2008, 78 (10): 104401.

[8] Tayalia P, Heider D, Gillespie J W. Characterization and theoretical modeling of magnetostirctive strain sensors [J]. Sensors and Actuators A: Physical, 2004, 111 (2-3): 267.

[9] Naifar S, Bradai S, Viehweger C, et al. Investigation of the magnetostrictive effect in a terfenol-D plate under a non-uniform magnetic field by atomic forece microscopy [J]. Materials & Design, 2016, 97: 147.

[10] Abbundi R, Clark A E. Anomalous thermal expansion and magnetostirciton of single crystal $Tb_{0.27}Dy_{0.73}Fe_2$ [J]. IEEE Transition on Magnetics, 1977, 13(5): 1519.

[11] Clark A E, Restorff J B, Wun-Fogle M, et al. Magnetostrictive properties of body-centered cubic Fe-Ga and Fe-Ga-Al alloys [J]. IEEE Transition on Magnetics, 2000, 36(5): 3238.

[12] Golovin I S. Anelasticity of Fe-Ga based alloys [J]. Materials & Design, 2015, 88: 577.

[13] Golovin I S, Balagurov A M, Palacheva V V, et al. In suit neutron diffraction study of bulk phase transitions in Fe-27Ga alloys [J]. Materials & Design, 2016, 98: 113.

[14] Liu G D, Dai X F, Luo H Z, et al. Magnetoelasticity and elasticity of $Fe_{85}Ga_{17}$ single crystals under coupled magnetomechanical loading [J]. Physica B: Condensed Matter, 2011, 406(3): 440.

[15] Summers E M, Lograsso T A, Wun-Fogle M. Magnetostriction of binary and ternary Fe-Ga alloys [J]. Journal of Materials Science, 2007, 42(23): 9582.

[16] Liu H, Wang H O, Cao M X, et al. Magnetostriction and microstructure of melt-spun $Fe_{77}Ga_{23}$ ribbons prepared with different wheel velocities [J]. Transactions of Nonferrous Metals Society of China, 2015, 25(1): 122.

[17] Cullen J R, Clark A E, Wun-Fogle M, et al. Magnetoelasticity of Fe-Ga and Fe-Al alloys [J]. Journal of Magnetism and Magnetic Materials, 2001, 226-230: 948.

[18] Lograsso T A, Ross A R, Schlagel D L, et al. Structural transformations in quenched Fe-Ga alloys [J]. Journal of Alloys and Compounds, 2003, 350(1-2): 95.

[19] He Y K, Ke X Q, Jiang C B, et al. Interaction of trace rare-earth dopants and nano-heterogeneities induces giant magnetostriction in Fe-Ga alloys [J]. Advanced Functional Materials, 2018, 28(20): 1800858.

[20] Zhao X, Zhao L J, Wang R, et al. The microstructure, preferred orientation and magnetostriction of Y doped Fe-Ga magnetostrictive composite materials [J]. Journal of magnetism and magnetic materials, 2019, 491: 165568.

[21] Farrell S P, Quigley P E, Avery K J, et al. Development of <100> crystallographic texture in magnetostrictive Fe-Ga wires using a modified Taylor wire method [J]. Journal of Physics D: Applied Physics, 2009, 42(13): 135005.

[22] Yuan C, Gao X X, Li J H, et al. Intermediate annealing of warm-rolled sheets and its influence on the texture evolution in the rolled columnar-grained Fe-Ga alloys [J]. Materials Today: Proceeding, 2016, 3(2): 686.

[23] Li X L, Bao X Q, Liu Y Y, et al. Tailoring magnetosriction with various directions for directional solidification $Fe_{82}Ga_{15}Al_3$ alloy by magnetic field heat treatment [J]. Applied Physics letters, 2017, 111(16): 162402.

[24] Meng C Z, Wu Y Y, Jiang C B. Design of high ductility FeGa magnetostrictive alloys: Tb doping and directional solidification [J]. Materials & Design, 2017, 130: 183.

[25] Liu Y Y, Li J H, Gao X X. Effect of Al substitution for Ga on the mechanical properties of directional solidified Fe-Ga alloys [J]. Journal of Magnetism and Magnetic Materials, 2017, 423: 245.

[26] Barua R, Taheri P, Chen Y J, et al. Giant enhancement of magnetostrictive response in directionally-solidified $Fe_{83}Ga_{17}Er_x$ compounds [J]. Materials, 2018, 11(6): 1039.

[27] Zhou Y, Wang X L, Wang B W, et al. Magnetostrictive properties of directional solidification $Fe_{82}Ga_9Al_9$ alloy [J]. Journal of Applied Physics, 2012, 111(7):

07A332.

[28] Wu Y Y, Chen Y J, Meng C Z, et al. Multiscale influence of trace Tb addition on the magnetostriction and ductility of (100) oriented directionally solidified Fe-Ga crystals [J]. Physical Review Materials, 2019, 3(3): 033401.

[29] 胡赓祥，蔡珣，戎咏华．材料科学基础 [M]. 上海：上海交通大学出版社，2010.

[30] 祖方遒，陈文琳，李萌盛．材料成形基本原理 [M]. 北京：机械工业出版社，2016.

[31] 刘智恩．材料科学基础 [M]. 西安：西北工业大学出版社，2013.

[32] 崔忠圻，覃耀春．金属学与热处理 [M]. 北京：机械工业出版社，2007.

[33] Lyakishev N P，郭青蔚．金属二元系相图手册 [M]. 北京：化学工业出版社，2009.

[34] He Y K, Jiang C B, Wu W, et al. Giant heterogeneous magnetostriction in Fe-Ga alloys: Effect of trace element doping [J]. Acta Materialia, 2016, 109: 177.

[35] He Y K, Coey J M D, Schaefer R, et al. Determination of bulk domain structure and magnetization process in bcc ferromagnetic alloys: Analysis of magnetostriction in $Fe_{83}Ga_{17}$ [J]. Physical Review Materials, 2018, 2(1): 014412.

[36] 杨平．电子背散射衍射技术及其应用 [M]. 北京：冶金工业出版社，2007.

第3章

Cu掺杂对Fe-Ga磁致伸缩合金的影响

合金的性能取决于合金的成分。研究者们试图通过非磁性元素掺杂 Fe-Ga 合金来改善其磁致伸缩性能。研究者们研究了非磁性元素 Zn 掺杂 Fe-Ga 合金[1,2]。Lin 等[2] 在对三元 Fe-Ga-Zn 研究后发现，相比于二元 Fe-Ga 合金，三元 Fe-Ga-Zn 合金的磁致伸缩系数和弹性模量都有少量的增加。分析认为这是源于 Zn 掺杂导致 $D0_3$ 纳米团簇向中间四方马氏体和 $L1_2$ 结构沉淀的转变，最终导致了 $Fe_{83}Ga_{18}Zn_9$ 合金具有较高的磁致伸缩性能。然而，在元素周期表的同一周期，有关非磁性过渡族元素 Cu 的相关报道却很少。Wang 等[3] 只是从理论模拟角度报道了 Cu 掺杂 Fe-Ga 合金的 ab initio 分子动力学模拟。结果表明，少量的 Cu 元素替代 Ga 元素（1.6%）掺杂到特定的晶格位置，会使得 Fe-Ga 合金的磁致伸缩系数增加近两倍。而丁雨田等[4] 则报道了 Al 和 Cu 掺杂物会限制 $Fe_{83}Ga_{17}$ 合金的磁致伸缩性能。将非磁性过渡族元素 Cu 掺杂到 Fe-Ga 合金中，是否能改善 Fe-Ga 合金的磁致伸缩性能，到目前为止仍然没有统一的结论。此外，Cu 是以何种方式掺杂进入 Fe-Ga 合金，以及 Cu 掺杂 Fe-Ga 合金的磁致伸缩机理等仍旧是一个谜。为此，本章首先研究了 Cu 掺杂 Fe-Ga 合金的结构和磁致伸缩性能。然后，采用第一性原理研究了 Cu 在 Fe-Ga 合金中的占位，试图探索 Cu 掺杂 Fe-Ga 合金的磁致伸缩机理。

3.1 Cu 掺杂 Fe-Ga 合金的制备及其结构与性能表征方法

使用原材料纯度为：Fe＞95%，Ga 和 Cu＞99%。设计合金成分为：

$(Fe_{83}Ga_{17})_{100-x}Cu_x$（$x=0$，3，6，9，12，15）。采用氩气保护的真空电弧熔炼炉熔炼。真空电弧熔炼炉是在氩气气氛中通过钨电极头与铜坩埚之间产生的高温电弧来熔融金属原料。熔炼过程：金属原料首先被放到内部有循环冷却水的铜坩埚中，使用机械泵将熔炼炉腔体抽真空到0.1Pa左右，再用分子泵抽真空到2.5×10^{-3}Pa，然后充入氩气，在氩气气氛中反复翻转熔炼4次，以保证铸锭中的金属原料混合均匀。

采用X射线衍射仪分析样品相结构、晶格常数、残余内应力、晶格畸变、样品取向等。XRD数据测试使用Cu-Kα靶，波长为1.5406nm，扫描速度为0.02(°)/min。采用ZEISS Sigma 500扫描电子显微镜，主要使用背散射电子(BSE)，区分合金的主相与第二相。同时使用扫描电子显微镜上装备的能谱分析仪，分析主相与第二相的成分。

采用电阻应变法磁致伸缩测试仪测试样品的磁致伸缩性能。应变法磁致伸缩的测量方法是将应变片粘到样品表面，在外加磁场后，样品的长度发生变化，使得应变片上的线圈长度产生变化，进而影响了线圈的电阻，通过测量线圈的电阻来表征样品的磁致伸缩系数。采用Lake shore 7400系列振动样品磁强计（VSM）测试样品的磁滞回线。VSM的原理是通过测量样品在均匀磁场中的小幅等振动获得感应信号，感应信号一般不需要进行积分处理直接与被测样品磁矩成正比。

使用交换相关函数的广义梯度近似（GGA-PBE）[5] 中的OTFG规范守恒[6] 的剑桥顺序总能量包（CASTEP）[7] 来实现第一性原理计算，进行样品晶格结构和能量模拟。

3.2 Cu掺杂Fe-Ga合金的微观结构

图3-1展示了（$Fe_{83}Ga_{17})_{100-x}Cu_x$（$x=0$，3，6，9，12，15）合金样品的X射线衍射图谱。由图3-1可见，$x=0\sim6\%$合金样品存在单一的bcc结构的A2相。这是通过5个最强的衍射峰所确认，5个衍射峰分别索引为（110）、（200）、（211）、（220）和（310）面，这些衍射峰用“+”符号所标记，它们是体心立方（bcc）的无序A2相结构[8]。但是，在$x=9\sim15$合金样品中，发现有新相$FeCu_4$出现。可见，$x=9\sim15$合金样品是两种相结构共存，即bcc结构

的 A2 基相和 fcc 结构的 $FeCu_4$ 第二相。此外，总体上看，$(Fe_{83}Ga_{17})_{100-x}Cu_x$（$x$=0，3，6，9，12，15）合金样品的基相（A2 相）各衍射峰峰位随 x 的变化趋势基本是相同的。考虑到（110）衍射峰是合金样品基体 A2 相的主峰，其变化趋势的效果更加明显。因此，选取（110）衍射峰为代表进行细致的研究。

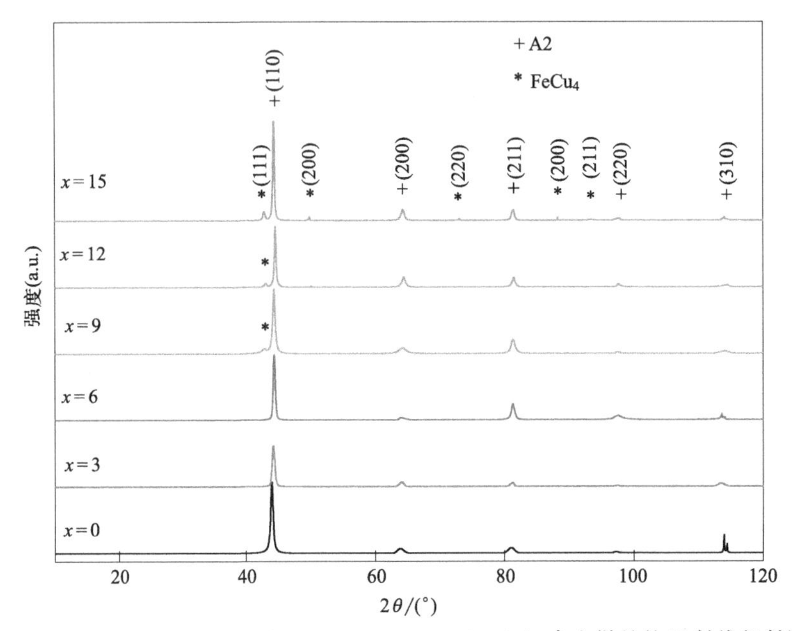

图 3-1 $(Fe_{83}Ga_{17})_{100-x}Cu_x$（$x$=0，3，6，9，12，15）合金样品的 X 射线衍射图谱

图 3-2(a) 展示了各合金样品 A2 相（110）衍射峰的放大图，而图 3-2(b) 展示了 A2 相的晶格常数随 Cu 掺杂量 x 的变化趋势。

与 x=0 合金样品相比，可以发现 x=3～12 合金样品的（110）衍射峰的峰位均不同程度向高角度移动，这表明合金中 A2 相的晶格常数变小。但是，与 x=12 合金样品相比，当 Cu 的掺杂量很大时，例如 x=15 时，合金样品的（110）衍射峰的峰位却向低角度移动，这也意味着合金中 A2 相的晶格常数在变大。可见，当 Cu 掺杂量比较小时，例如 x=3～12 时，Cu 掺杂使 Fe-Ga 合金中 A2 相的晶格常数变小。这可能是由 Cu 掺杂物溶入 A2 基相晶格中所造成。当 Cu 掺杂量进一步增大，例如 x=15 时，合金中 A2 相的晶格常数不但没有变小，反而变大。分析认为，这可能是过量的 Cu 掺杂物从基相中析出，

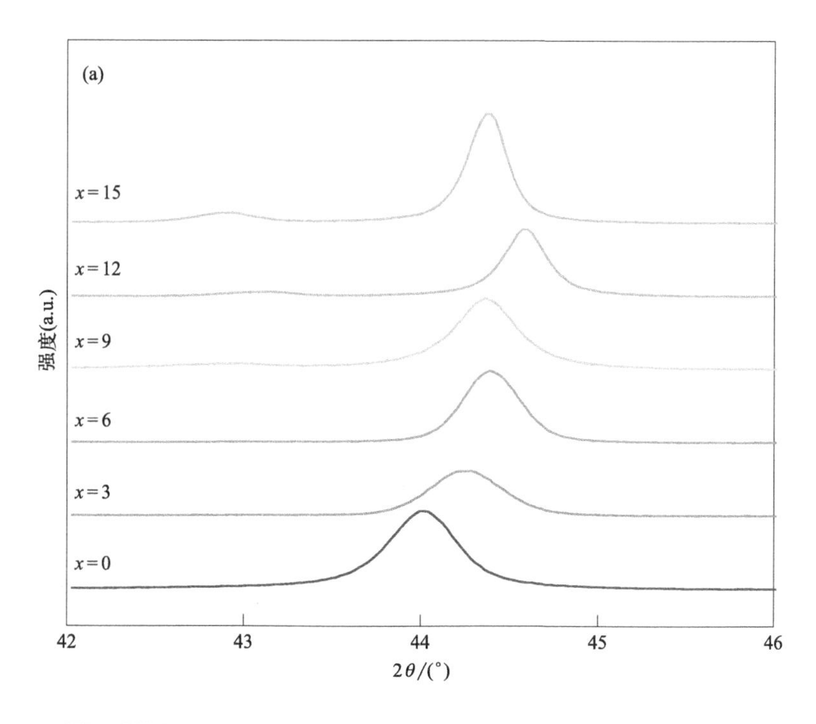

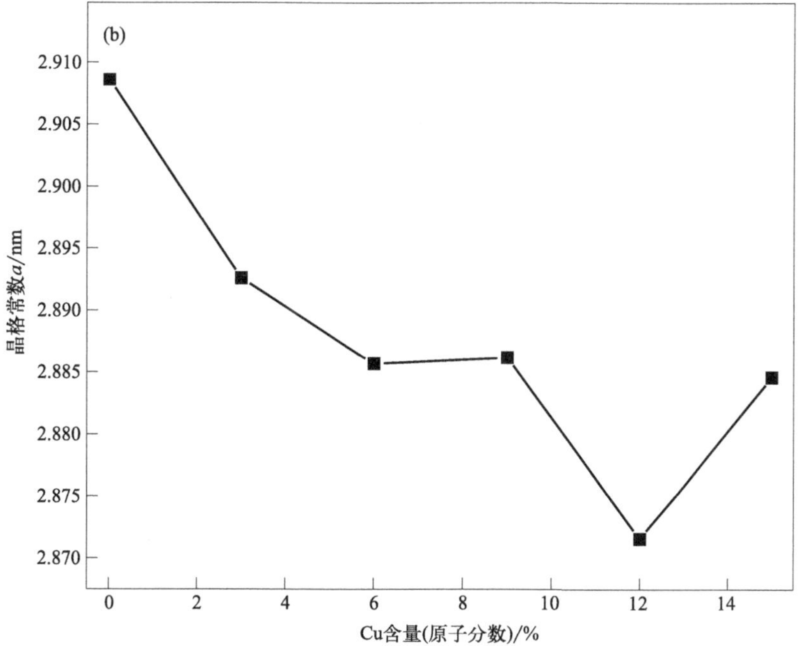

图 3-2 (a) $(Fe_{83}Ga_{17})_{100-x}Cu_x$ (x=0, 3, 6, 9, 12, 15) 合金样品的 A2 相 (110) 衍射峰；(b) A2 相的晶格常数随 Cu 掺杂量的变化趋势

形成 $FeCu_4$ 第二相所致。合金样品晶格常数随 Cu 掺杂量的变化趋势在图 3-2（b）中得到了进一步的验证。

为了证明这个推断，采用 SEM/EDS 来研究合金样品中第二相的分布。图 3-3 展示了 $(Fe_{83}Ga_{17})_{100-x}Cu_x$（$x=0$，3，6，9，12，15）合金样品的 SEM 照片，相应的 EDS 结果列入表 3-1 中。

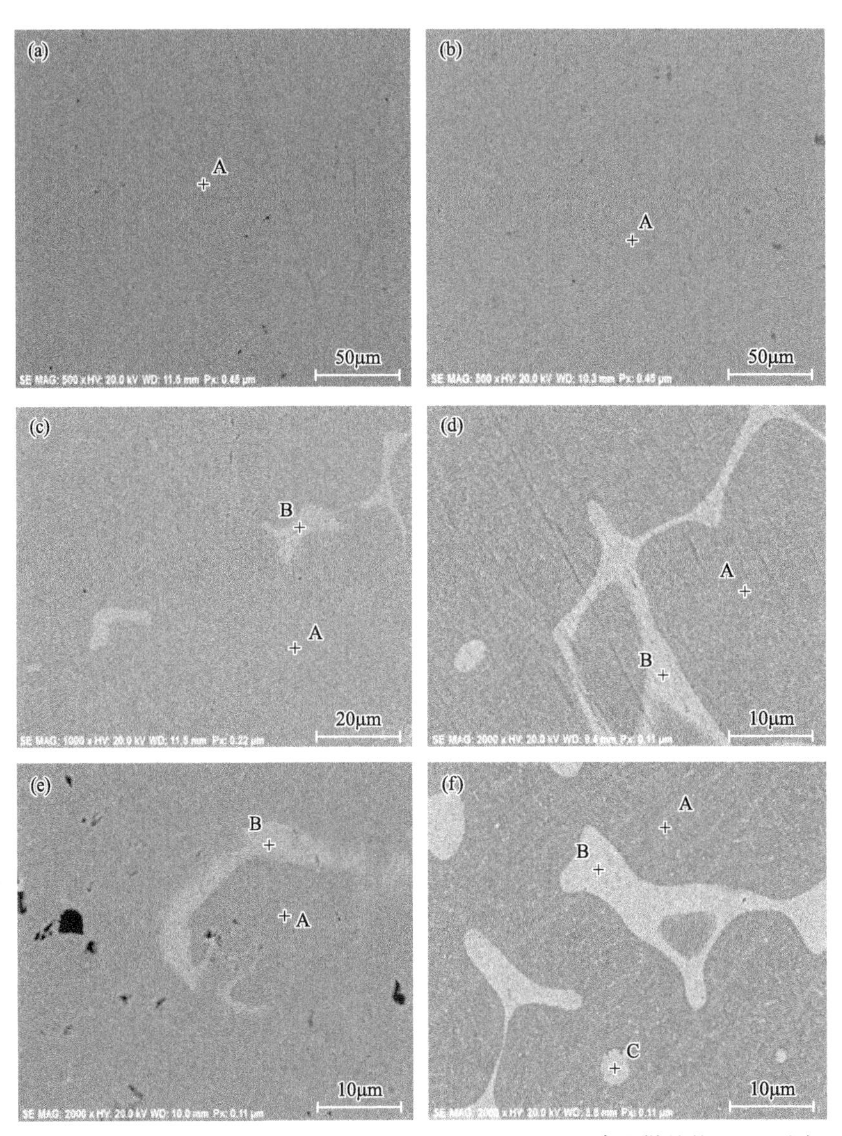

图 3-3　$(Fe_{83}Ga_{17})_{100-x}Cu_x$（$x=0$，3，6，9，12，15）合金样品的 SEM 照片

(a) $x=0$；(b) $x=3$；(c) $x=6$；(d) $x=9$；(e) $x=12$；(f) $x=15$

表3-1 $(Fe_{83}Ga_{17})_{100-x}Cu_x$ ($x=0$, 3, 6, 9, 12, 15) 合金样品的EDS分析结果

样品	标记	元素含量(原子分数)/%		
		Fe	Ga	Cu
$x=0$	A	83.84	16.16	0
$x=3$	A	82.00	14.61	3.38
$x=6$	A	73.37	18.12	8.52
	B	8.73	18.53	72.73
$x=9$	A	79.67	13.01	7.32
	B	13.44	20.79	65.78
$x=12$	A	78.97	13.25	7.78
	B	19.8	14.17	66.04
$x=15$	A	83.30	10.02	6.69
	B	9.29	16.46	74.25
	C	7.61	13.08	79.31

从图3-3中可以观察到，$x=0\sim3$ 合金样品由单一的基体A2相组成，而 $x=6\sim15$ 合金样品由两种相组成，即A2基体相和 $FeCu_4$ 第二相，这个结果与XRD结果稍有些不同，主要是 $x=6$ 合金样品的XRD图谱中并没有发现有第二相的衍射峰，而在 $x=6$ 合金样品的SEM照片中发现了第二相的存在。这可能是由于 $x=6$ 合金样品中Cu的掺杂量少而导致合金中第二相含量较低。此外，图3-3和表3-1也解释了图3-2中晶格常数的变化趋势。在 $x=0\sim6$ 样品中，随着Cu含量的增加，样品的（110）衍射峰向高角度移动，表明A2相的晶格常数减小。但是，如图3-2(b) 所示，与 $x=6$ 样品相比，$x=9$ 样品的衍射峰略微向低角度移动，这表明样品的晶格常数变大。这可能与一些Cu掺杂物从主相的晶格中析出、沉淀为 $FeCu_4$ 第二相有关。与 $x=12$ 合金样品相比，$x=15$ 合金样品的衍射峰向低角度移动，表明样品的晶格常数变大。这一现象也能够通过 $(Fe_{83}Ga_{17})_{100-x}Cu_x$ ($x=0$, 3, 6, 9, 12, 15) 样品的SEM/EDS结果来解释。如表3-1显示，$x=12$ 合金样品A2主相中的Cu含量（7.78%）明显大于 $x=15$ 合金样品A2主相中的Cu含量（6.69%），可以推断，从 $x=12$ 合金样品A2相晶格中析出的Cu掺杂物要少于 $x=15$ 合金样品，也就是 $x=15$ 合金样品中的 $FeCu_4$ 第二相多于 $x=12$ 合金样品，这使得

$x=15$ 合金样品的晶格常数大于 $x=12$ 合金样品。

可以推测，A2 相中的 Cu 含量与 A2 相的晶格常数的关系为负相关，即 A2 相中的 Cu 含量越多，A2 相的晶格常数越小。但是对于 $x=6$ 样品，其 A2 相中的 Cu 含量比 $x=12$ 样品多，晶格常数却比 $x=12$ 样品大，这可能与 $x=12$ 样品的 A2 相中的 Ga 含量低于 $x=6$ 样品有关。

为了对比分析 Cu 掺杂前后合金中的 A2 相晶格是否产生畸变，图 3-4 对比了 $x=0$ 和 $x=12$ 合金样品 XRD 中的（110）衍射峰。观察发现，$x=0$ 合金样品的（110）衍射峰的峰形是对称的，这表明该样品几乎没有畸变。但是，$x=12$ 样品的（110）衍射峰的峰形明显不对称，这可能是由于 $x=12$ 样品的（110）衍射峰是由两个不同晶格常数的衍射峰组成[9]。用实线箭头标记的低角度的峰，代表那些晶面间距较大的晶面，这些晶面的 miller 指数为（110）和（011）。而用虚线箭头标记的高角度的峰，代表那些具有较小晶面间距的晶面，这些晶面的 miller 指数为（101）。在同一晶面族里，不同晶面的晶面间距不同，这可以推断晶格产生了类四方畸变[10]。这说明了 Cu 可以溶入 A2 晶格中，并导致合金的晶格产生畸变。

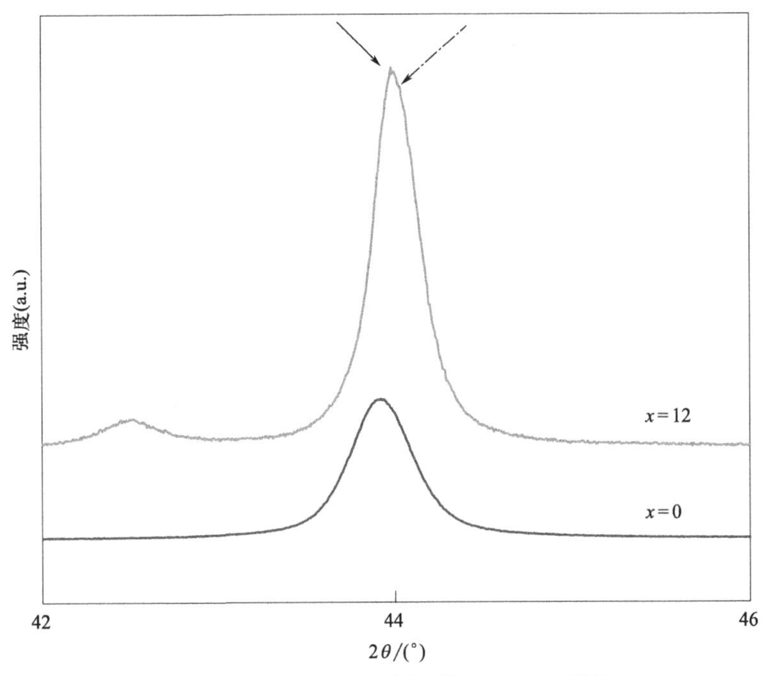

图 3-4　$x=0$ 和 $x=12$ 样品的（110）衍射峰

3.3 Cu 掺杂 Fe-Ga 合金的理论模拟

为了进一步研究 Cu 掺杂物在 Fe-Ga 合金中存在的方式，使用 CASTEP 软件进行了一系列第一性原理计算。首先，构建了纯 Fe-Ga 合金、Cu 取代掺杂和间隙掺杂三种模型。单独的 Cu 原子被放到了 128 个原子（4×4×4）的 bcc 晶胞中的不同位置以模拟不同的情况。这些模型中的每个原子由 83％的 Fe 和 17％的 Ga 构成，以模拟无序 A2 结构。

图 3-5 和表 3-2 展示了第一性原理计算的结果。与未掺杂相比，掺杂后合金中的每个原子的总能量都减小，但是间隙掺杂减小的幅度更大。这表明两种掺杂情况都可能存在，但是间隙掺杂的情况更有可能存在。此外，与未掺杂情况相比，两种掺杂情况下的晶格常数的变化趋势还不一致，取代掺杂的晶格常数在增加，而间隙掺杂的晶格常数在减小。前面 XRD 的分析结果表明掺杂后

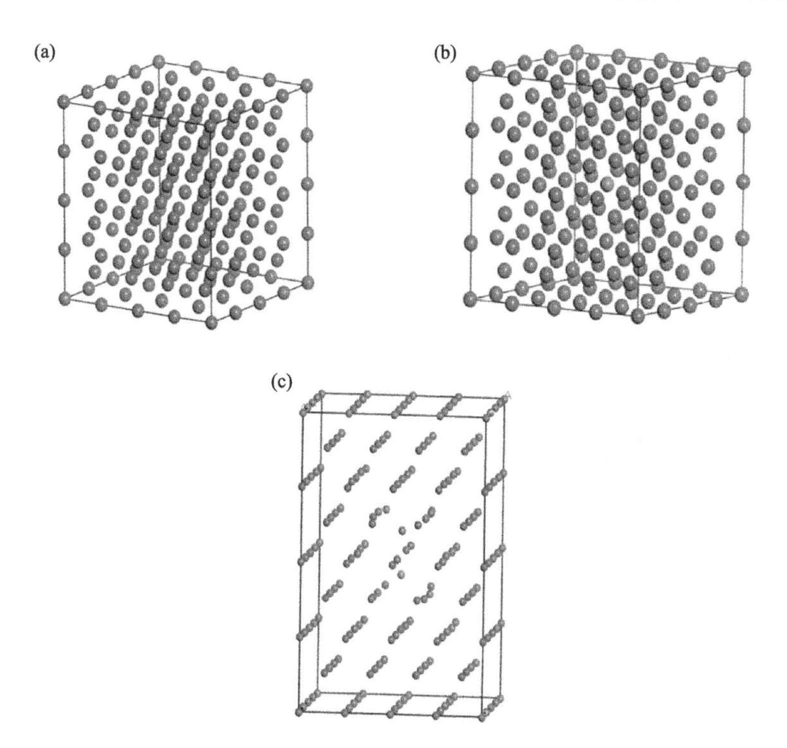

图 3-5　(a) 纯 Fe-Ga 合金 A2 基相晶胞；(b) 取代 Cu 掺杂 A2 基相晶胞；(c) 间隙 Cu 掺杂 A2 无序晶胞（为了更清晰展示 Cu 掺杂物对原子排列的影响，对该晶胞进行了翻转）

合金中 A2 相的晶格常数小于未掺杂的。可见，Cu 间隙掺杂与实验结果更易吻合。同时，从图 3-5(c) 可以看出，间隙掺杂第一性原理计算结果清晰展现了类四方畸变，这也与 XRD 分析结果相一致。另外，由于间隙掺杂的晶格常数小于未掺杂，因而间隙掺杂的晶格体积也小于纯 Fe-Ga。推测这是大原子 Cu 间隙掺杂到基相中，类四方晶格的原子密度和配位数都增加，晶格收缩以达到稳定状态所致。

表 3-2 主要参数的第一性原理计算结果

掺杂情况	晶格常数	每个原子的总能量/keV	体模量/GPa
纯 Fe-Ga	$a_0=2.7930$Å	−1.011	402.318
取代掺杂	$a_0=2.8065$Å	−1.016	155.718
间隙掺杂	$a_0=2.7881$Å $b/a=1.4277$	−1.024	731.587

在掺杂 Cu 后，体模量也有不同的变化趋势。与纯 Fe-Ga 合金相比，间隙掺杂模型的体模量明显增加。通常，体模量与弹性模量的关系为[11,12]：

$$E=3K(1-2\mu) \tag{3-1}$$

式中，E 为弹性模量；K 为体模量；μ 为泊松比。$Fe_{83}Ga_{17}$ 合金的泊松比为 0.37[13]。Fe-Ga 合金弹性模量与磁致伸缩性能的关系已经被报道，这是一种负相关的关系，即随着弹性模量减小，合金的磁致伸缩系数在增加[8,13-15]。因此，推断间隙掺杂样品的磁致伸缩系数会减小。

3.4 Cu 掺杂 Fe-Ga 合金的磁性能

为了证明上述推论，测量了样品的磁致伸缩性能。图 3-6 为 $(Fe_{83}Ga_{17})_{100-x}Cu_x$ ($x=0$，3，6，9，12，15) 合金的磁致伸缩曲线。如图 3-6 所示，随着 Cu 掺杂量的增加，合金的磁致伸缩系数在减小。这表明随着 Cu 掺杂物溶入晶格中，样品的弹性模量在增加。这与计算结果相吻合。然而，当 Cu 的掺杂量达到 15%时，相较于 $x=12$ 样品，该组分样品的磁致伸缩系数有略微增加。这与样品中 A2 晶格中的 Cu 含量有关，相较于 $x=12$ 样品，在 $x=15$ 样品中过量的 Cu 掺杂物析出 A2 晶格并形成 $FeCu_4$ 第二相，导致 A2 晶格的晶格常数变大，该样品的弹性模量减小。弹性模量的减小，导致样品的磁致伸缩性能增加。

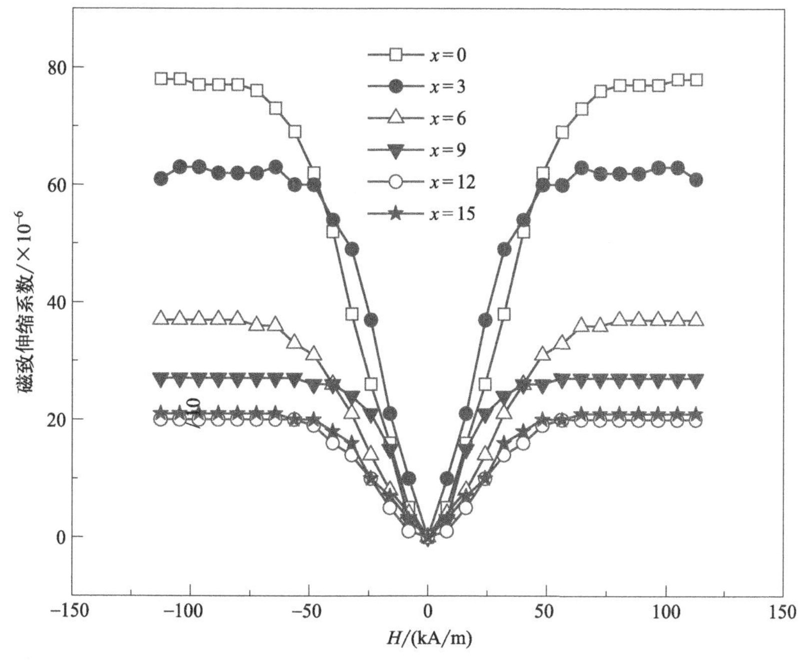

图 3-6　$(Fe_{83}Ga_{17})_{100-x}Cu_x$（$x=0$，3，6，9，12，15）合金的磁致伸缩曲线

合金的磁弹性耦合系数会影响合金的磁致伸缩性能[16]。为了解在 $(Fe_{83}Ga_{17})_{100-x}Cu_x$（$x=0$，3，6，9，12，15）合金中磁弹性耦合系数与磁致伸缩系数的关系，采用计算合金的饱和磁致伸缩系数（λ_s）与电子原子比（e/a）的关系的方法来进行分析。合金的电子原子比的计算公式如下：

$$e/a=\frac{A(100-x)+Bx}{100} \tag{3-2}$$

式中，A，B 分别为溶剂和溶质的原子价；x 为溶质的原子分数，%。图 3-7 展示了饱和磁致伸缩系数（λ_s）与电子原子比（e/a）的关系。其中，$Fe_{83}Ga_{17}$（$x=0$）合金充当参考标准，而其性能变化与文献［17］一致。由图 3-7 可见，随着 Fe-Ga 合金中 Cu 含量的增加，e/a 减小。而随着 e/a 减小，合金的饱和磁致伸缩系数也在下降。另外，根据文献［1，9］，随着 e/a 减小，磁弹性耦合系数也在减小。因此，随着 Cu 掺杂到 Fe-Ga 合金中，合金的磁弹性耦合系数的变化趋势是减小。所以，根据图 3-7 可以得出，$(Fe_{83}Ga_{17})_{100-x}Cu_x$（$x=0$，3，6，9，12，15）合金的饱和磁致伸缩系数随着磁弹性耦合系数的减小而减小。

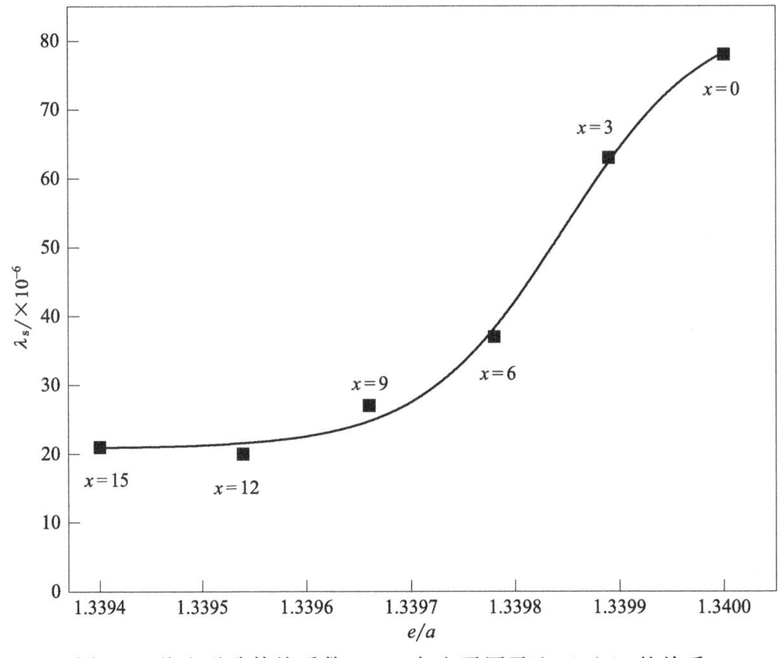

图 3-7 饱和磁致伸缩系数（λ_s）与电子原子比（e/a）的关系

图 3-8 为 $(Fe_{83}Ga_{17})_{100-x}Cu_x$（$x=0$，12，15）样品的磁滞回线，更清晰地展示了类四方畸变。类四方畸变破坏了 A2 基相的立方对称性并形成了各向异性。外推饱和磁场反映了平行于薄膜的有效退磁因子 $N\geqslant0$ 引起的形状各向异性[16] 和四方畸变所引起的单轴磁晶各向异性。由于磁晶各向异性，$x=12$ 样品的初始斜率大于 $x=0$ 样品。此外，与 $x=0$ 样品相比，$x=12$ 样品的饱和磁化强度在减小，表明原子间磁矩在减小。这与图 3-5 所示的 A2 晶格的类四方畸变引起的原子间距离和原子排列变化有关。而 $x=15$ 样品的饱和磁化强度比 $x=12$ 样品的低，这可能与基相晶粒中形成了 fcc 结构的第二相（$FeCu_4$）有关。这些推断分析与第一性原理计算结果、XRD 分析结果相一致。

在近期的研究中[9,10,18,19]，第三元素掺杂引起 Fe-Ga 合金中的 A2 基相产生四方畸变，导致合金的磁致伸缩系数增加被广泛提及。但是，在本章的研究中，通过第一性原理计算和实验探究，证明 Cu 掺杂 Fe-Ga 合金的 A2 基相产生了类四方畸变，而 Cu 掺杂 Fe-Ga 合金磁致伸缩系数却在减小。这种现象与 Cu 掺杂到 Fe-Ga 合金中引起弹性模量的增加和磁弹性耦合系数的减小有关。

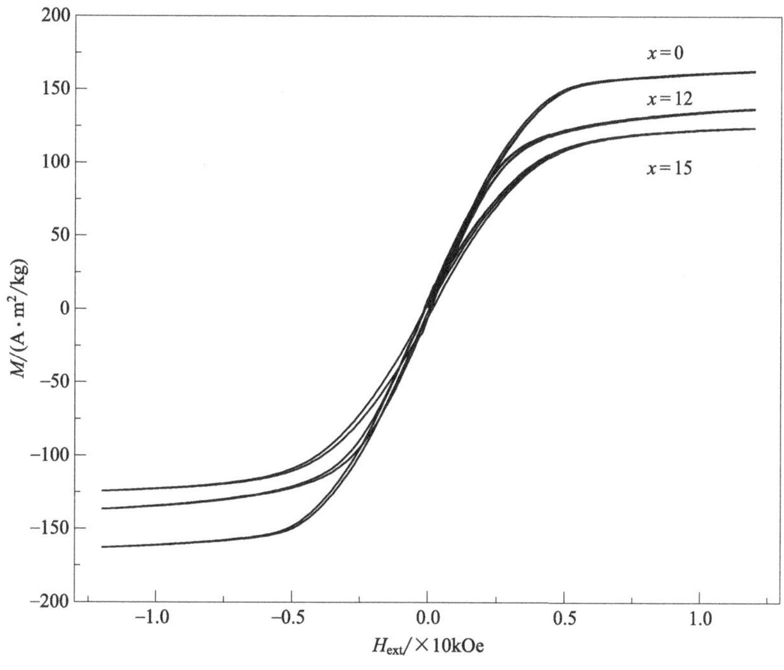

图 3-8　$(Fe_{83}Ga_{17})_{100-x}Cu_x$（$x$=0，12，15）合金样品的磁滞回线

因此，认为第三元素掺杂引起的弹性模量增加和磁弹性耦合系数变化也应该被考虑作为引起合金磁致伸缩系数变化的因素。

总体来看，$(Fe_{83}Ga_{17})_{100-x}Cu_x$（$x$=0，3，6）合金样品由单一 bcc 结构的 A2 相构成，而 $(Fe_{83}Ga_{17})_{100-x}Cu_x$（$x$=9，12，15）合金样品则由 bcc 结构的 A2 相和 fcc 结构的 $FeCu_4$ 第二相组成。通过实验和计算证明，Cu 掺杂物间隙掺杂到 A2 晶格中，并引起了 A2 晶格的类四方畸变。Cu 掺杂导致了铸态 $Fe_{83}Ga_{17}$ 合金磁致伸缩系数减小，这是由于 Cu 掺杂物溶入 A2 晶格中引起弹性模量的增加和磁弹性耦合系数的减小。

参考文献

[1]　Lograsso T A，Jones N J，Schlagel D L，et al. Effects of Zn additions to highly magnetoelastic FeGa alloys [J]. Journal of Applied physics，2015，117(17)：17E701.

[2]　Lin Y C，Lin C F. Effects of phase transformation on the microstructures and magnetostriction of Fe-Ga and Fe-Ga-Zn ferromagnetic shape memory alloys [J]. Journal of

Applied Physics，2015，117(17)：17A920.

[3] Wang H，Zhang Y N，Wu R Q，et al. Understanding strong magnetostriction in $Fe_{100-x}Ga_x$ alloys [J]. Scientific Reports，2013，3：3521.

[4] 丁雨田，刘广柱，胡勇．第三组元（Al、Cu）添加对 $Fe_{83}Ga_{17}$ 合金相结构和磁致伸缩性能的影响 [J]. 兰州理工大学学报，2010，36(3)：1.

[5] Perdew J P，Burke K，Ernzenrhof M. Generalized gradient approximation made simple [J]. Physical Review Letters，1996，77(18)：3865.

[6] Hamann D R，Schlüter M，Chiang C. Norm-Conserving Pseudopotentials [J]. Physical Review Letters，1979，43(20)：1494.

[7] Segall M D，Lindan P J D，Probert M J，et al. First-principles simulation：ideas，illustrations and the CASTEP code [J]. Journal of Physics：Condensed Matter，2002，14(11)：2717.

[8] Clark A E，Hathaway K B，Wun-Fogle M，et al. Extraordinary magnetoelasticity and lattice softening in bcc Fe -Ga alloys [J]. Journal of Applied Physics，2003，93 (10)：8621.

[9] Restorff J B，Wun-Fogle M，Hathaway K B，et al. Tetragonal magnetostriction and magnetoelastic coupling in Fe -Al，Fe -Ga，Fe -Ge，Fe -Si，Fe -Ga-Al and Fe -Ga-Ge alloys [J]. Journal of Applied Physics，2012，111(2)：023905.

[10] Han Y J，Wang H，Zhang T L，et al. Giant magnetostriction in nanoheterogeneous Fe-Al alloys [J]. Applied Physics Letters，2018，112(8)：082402.

[11] Nash W. Schaum's Outlines of Theory and Problem of Strength of Materials[M]. USA：McGraw-Hill Companies，2018.

[12] 徐芝纶．弹性力学 [M]. 北京：高等教育出版社，2008.

[13] Kellogg R A，Russell A M，Lograsso T A，et al. Tensile properties of magnetostrictive irongallium alloys [J]. Acta Materialia，2004，52(17)：5043.

[14] Petculesccu G，Hathaway K B，Lograsso T A，et al. Magnetic field dependence of galfenol elastic properties [J]. Journal of Applied Physics，2005，97(10)：10M315.

[15] Golovin I S. Anelasticity of Fe -Ga based alloys [J]. Materials & Design，2015，88：577.

[16] Coey J M D. Magnetism and Magnetic Materials [M]. Cambridge：Cambridge University Press，2010.

[17] Lograsso T A，Ross A R，Schlagel D L，et al. Structural transformations in

quenched Fe-Ga alloys [J]. Journal of Alloys and Compounds, 2003, 350(1-2): 95.

[18] Summers E M, Lograsso T A, Wun-Fogle M. Magnetostriction of binary and ternary Fe-Ga alloys [J]. Journal of Materials Science, 2007, 42(23): 9582.

[19] Han Y J, Wang H, Zhang T L, et al. Exploring structural origin of the enhanced magnetostriction in Tb-doped $Fe_{83}Ga_{17}$ ribbons: Tuning Tb solubility [J]. Scripta Materialia, 2018, 150: 101.

第4章

稀土掺杂对Fe-Ga磁致伸缩合金的影响

近年来，研究者们普遍认为稀土元素掺杂能有效改善 Fe-Ga 合金的磁致伸缩性能。目前，稀土元素掺杂 Fe-Ga 合金大磁致伸缩性能的原因，普遍被认为是稀土掺杂物进入 A2 晶格引起晶格的四方畸变[1-4]。以往的研究中稀土掺杂 Fe-Ga 合金样品都是通过快淬甩带法制备，这种制备方法更有利于稀土元素进入 A2 晶格。随着进入 A2 晶格中稀土元素的数量增加，产生畸变的 A2 晶格数量也会增加，这将会提高 Fe-Ga 合金的磁致伸缩性能。但是，对于铸态合金，稀土在基体相中的固溶度却有限，因而引起 A2 晶格四方畸变的数量也非常少。那如此少量的变形晶格是否是 Fe-Ga 铸态合金磁致伸缩性能增加的主要原因，这是令人怀疑的。与快淬甩带制备方法相比，铸态合金制备方法具有成本低、制备工艺简单、实用性强的优点。因此，有必要深入研究稀土元素掺杂对 Fe-Ga 铸态合金结构和性能的影响及影响机理。此外，掺杂稀土元素 Fe-Ga 合金磁致伸缩性能的改善与掺杂稀土元素的类型和掺杂稀土元素的含量密切相关。本章分别研究了大小剂量稀土元素掺杂和不同种类稀土元素掺杂对 Fe-Ga 合金微观结构和磁致伸缩性能的影响。

4.1 大剂量 Y 掺杂 Fe-Ga 合金

近些年，许多文献报道了通过掺杂稀土元素可以显著改善 Fe-Ga 合金的磁致伸缩性能，如 La[1]，Ce[5]，Tb[6-10]，Dy[11,12] 和 Sm[3] 等稀土掺杂对 Fe-Ga 合金的结构和性能的影响。这些研究一致表明，稀土掺杂可以有效地改善Fe-Ga合金的磁致伸缩性能。但大多数研究人员认为，选择用于掺杂的稀土元素通常应具有高磁晶各向异性[13]，并且有益的影响归因于这些稀土元素的强烈局部磁晶各向异性[3,5,8,12]。很少有研究报道关于具有低磁晶各向异性的稀土元素掺杂于Fe-Ga合金中。此外，掺杂稀土元素Fe-Ga合金磁致伸缩性能的改善与掺杂稀土元素的类型、掺杂稀土元素的含量和稀土掺杂合金的制备工艺密切相关[14]。以前的研究主要集中在掺杂低含量的稀土元素（<1%）于Fe-Ga合金中。对于掺杂大量稀土元素Fe-Ga合金的研究很少。因此，选择具有低磁晶各向异性的钇元素，以大剂量掺杂于$Fe_{83}Ga_{17}$合金中，研究大剂量钇掺杂$Fe_{83}Ga_{17}$合金的结构和磁致伸缩系数，并揭示磁致伸缩改变的原因。

4.1.1 大剂量Y掺杂Fe-Ga合金的制备及其结构与性能表征方法

采用的原材料为：99.5%的Fe、99.9%的Ga和99.9%的Y。制备名义成分为$(Fe_{0.83}Ga_{0.17})_{100-x}Y_x$（$x=0$，3，6，9）系列合金。在氩气保护条件下，采用真空非自耗电弧炉熔炼制备合金铸锭。为了保证合金成分均匀，合金样品均翻转重熔2～3次。为弥补烧损，适当添加过量的稀土和Ga。熔炼所得的合金经砂纸打磨去除表面氧化皮后待用。

铸态合金的物相分析通过室温X射线衍射，Cu-Kα源（$\lambda=0.154$nm），在$2\theta=20°\sim120°$范围内测定。相关数据采用High Score Plus软件计算完成，使用软件包计算合金的晶格常数。采用光学显微镜（Axiovert 40 MAT型蔡司金相显微镜）观察合金样品的凝固组织形态。通过扫描电子显微镜分别用能量色散X射线光谱（SEM/EDXS，型号Hitachi，型号S-3400）分析合金的微观结构和Y在Fe-Ga-Y合金中的分布。通过原子力显微镜（AFM，Oxford型）观察磁畴结构。通过电阻应变方法测量合金的磁致伸缩应变（尺寸：10mm×12mm×8mm），并且平行于测量仪施加磁场。因此，在本部分中测量的值是室温下的$\lambda_{//}$（即固有的磁致伸缩）。

4.1.2 大剂量Y掺杂Fe-Ga合金的微观结构

图4-1是$(Fe_{0.83}Ga_{0.17})_{100-x}Y_x$（$x=0$，3，6，9）合金的X射线衍射图谱。

表 4-1 是 ($(Fe_{0.83}Ga_{0.17})_{100-x}Y_x$ ($x=x=0$, 3, 6, 9) 合金中 A2 相衍射峰的位置、相对强度以及晶格常数和 $(FeGa)_{17}Y_{1.76}$ 相的参数。如图 4-1 所示，可以看出 $Fe_{83}Ga_{17}$ 合金的 XRD 图谱中有五个明显的特征峰，根据亚稳态相图与先前研究中的 A2 相一致[15,16]。与 $Fe_{83}Ga_{17}$ 合金相比，三元 Fe-Ga-Y 合金含有多相结构，包括具有 bcc 结构的 A2 相和少量 hcp 结构的 $(FeGa)_{17}Y_{1.76}$ 第二相。当钇的含量增加到 $x=6$ 和 9 时，合金中还出现了单质钇相。随着 x 的增加，合金中 $(FeGa)_{17}Y_{1.76}$ 相的衍射峰强度变得更大，表明合金中 $(FeGa)_{17}Y_{1.76}$ 相的含量在不断增加。此外，从图 4-1 和表 4-1 可以看出，与二元合金的 XRD 图相比，三元合金中 A2 相的相应衍射峰峰位有向高衍射角度方向偏移的趋势。由此可以得出结论，A2 相的晶格常数在减小。

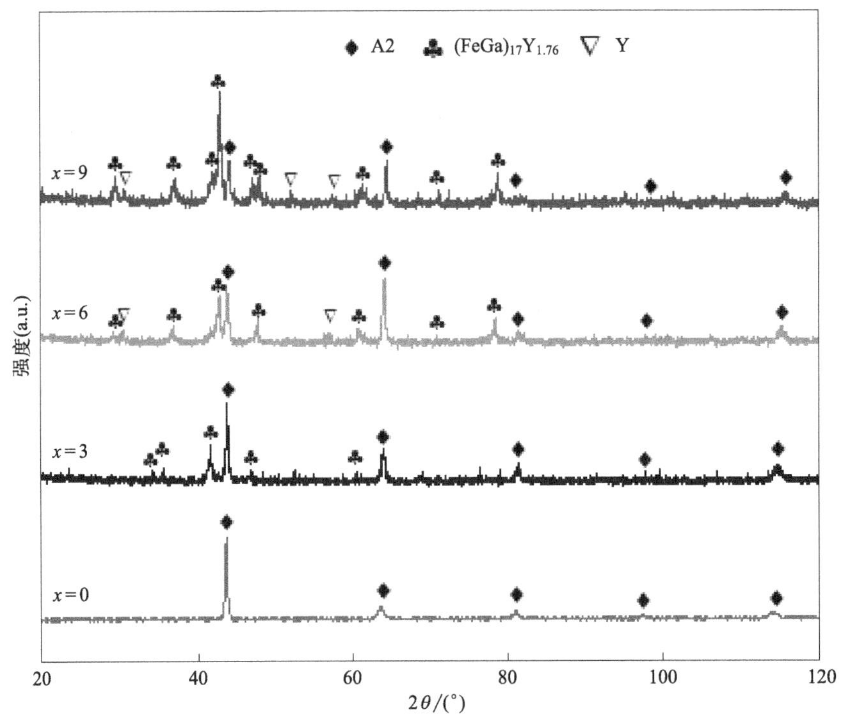

图 4-1 $(Fe_{0.83}Ga_{0.17})_{100-x}Y_x$ ($x=0$, 3, 6, 9) 合金的 XRD 图谱

结果表明，Fe-Ga-Y 合金中 A2 相的晶格常数确实小于二元合金中 A2 相的晶格常数。同时，稀土钇元素的原子半径（0.227nm）远大于 Fe 元素的原子半径（0.172nm），钇元素几乎进入不了 A2 晶格中。因此，可以推断 Fe-

Ga-Y 合金中的钇元素可以以 $(FeGa)_{17}Y_{1.76}$ 相或单质钇的形式存在。此外，三元合金中 A2 相晶格常数的减小可归因于溶解在 A2 基质中 Ga 原子的减少。从表 4-1 中可以发现，三元合金中 A2 相的（200）衍射峰的相对峰强度明显高于二元合金的相对峰强度，表明掺杂钇导致三元合金在（100）晶向择优取向。该结果与文献［5］的结果一致。

表 4-1 $(Fe_{0.83}Ga_{0.17})_{100-x}Y_x$ 合金中 A2 相衍射峰位置、强度及晶格常数和 $(FeGa)_{17}Y_{1.76}$ 相的晶格常数

样品	(110)		(200)		晶格常数/nm		
					A2	$(FeGa)_{17}Y_{1.76}$	
	$2\theta/(°)$	$I/\%$	$2\theta/(°)$	$I/\%$	a	a	c
$x=0$	43.96	100	63.53	46.8	0.2911	—	—
$x=3$	44.12	100	64.02	65.0	0.2904	0.8477	0.7986
$x=6$	44.12	100	64.18	105.1	0.2894	0.8480	0.8334
$x=9$	44.42	100	64.50	100.2	0.2887	0.8522	0.8264

图 4-2 为 $(Fe_{0.83}Ga_{0.17})_{100-x}Y_x$（$x=0$，3，6，9）合金放大 100 倍的金相照片。如图 4-2(a) 所示，$Fe_{83}Ga_{17}$ 合金由晶粒粗大的等轴晶组成，表明二

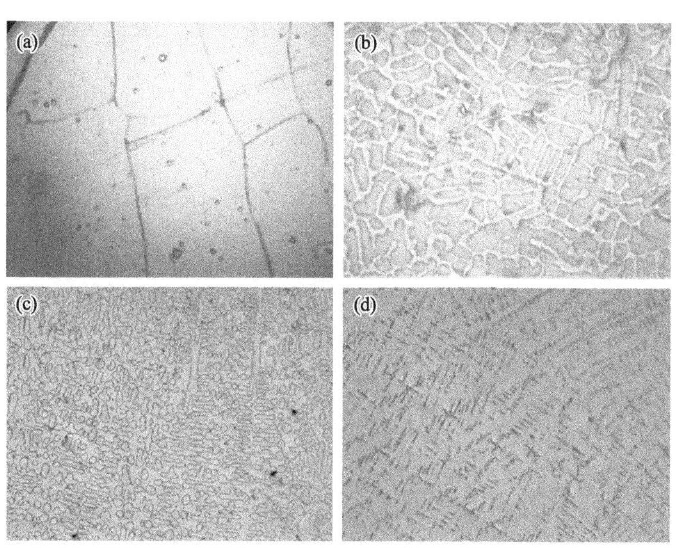

图 4-2 铸态 $(Fe_{0.83}Ga_{0.17})_{100-x}Y_x$ 合金的金相组织照片

(a) $x=0$；(b) $x=3$；(c) $x=6$；(d) $x=9$

元合金由单一固溶体 Fe(Ga) 相组成。从图 4-2(c) 和 (d) 可以看出，晶粒尺寸越来越小并且呈现树枝状结构。此外，三元合金晶界处的组织存在较深的颜色对比，这是由稀土元素钇掺杂过量造成的。在二元合金中只观察到了单一的相，而在三元合金中还存在一些第二相，这与 XRD 的结果是一致的。

图 4-3 为 $(Fe_{0.83}Ga_{0.17})_{100-x}Y_x$ ($x=0$, 3, 6, 9) 合金的背散射电子 (BSE) 图像。从图 4-3 中可以看出，所有三元合金均呈现灰色（深灰色）组织嵌入白色（浅灰色）基体组织，说明掺 Y 合金主要由固溶体 Fe(Ga) 相和部分新相组成。

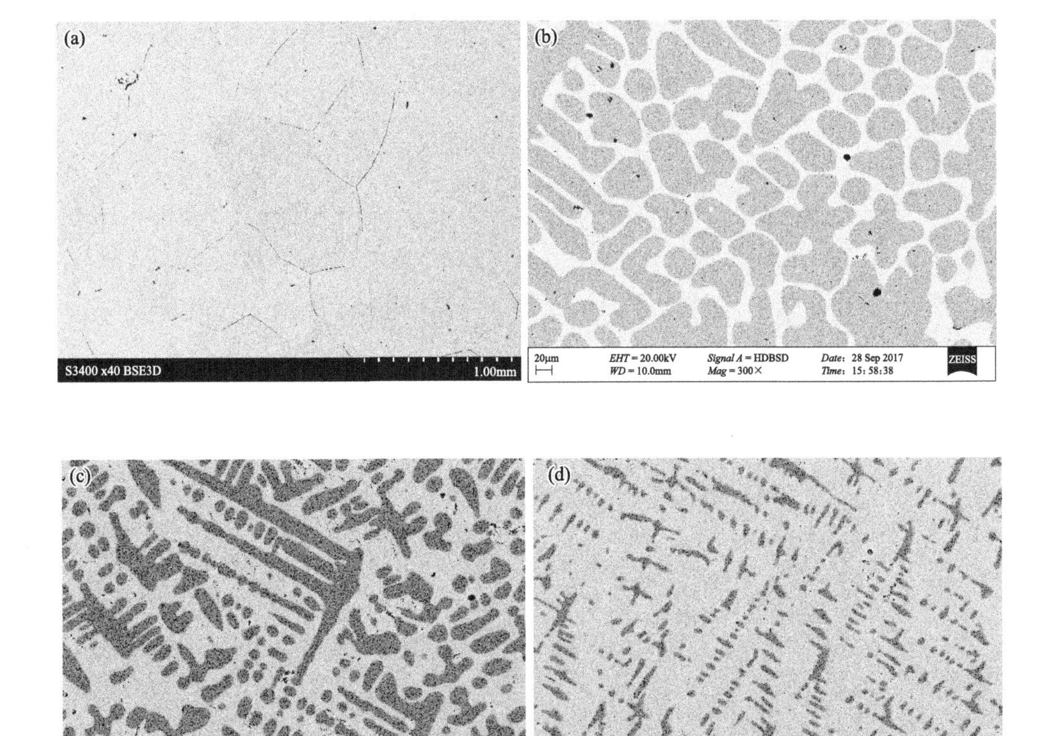

图 4-3 铸态 $(Fe_{0.83}Ga_{0.17})_{100-x}Y_x$ 合金的 SEM 照片

(a) $x=0$；(b) $x=3$；(c) $x=6$；(d) $x=9$

为了进一步确定钇在三元合金中的分布，利用SEM/EDS进行了微观成分分析。图4-4为（$Fe_{0.83}Ga_{0.17}$）$_{100-x}Y_x$（$x=3$，6，9）合金的SEM照片和EDS能谱。相应的EDS能谱数据分析结果列于表4-2。如图4-4和表4-2所示，所有三元合金的灰色（深灰色）组织（微区1，3和5）主要由Fe和Ga元素组成。随着x的增加，合金中Ga与Fe的原子比在下降。这说明，稀土掺杂导致Ga元素在Fe中固溶度的降低。这解释了上述结论，即三元合金中A2相的晶格常数小于二元合金中A2相的晶格常数。Y在三元合金中灰色（深灰色）组织里的含量很低，在（$Fe_{0.83}Ga_{0.17}$）$_{100-x}Y_x$（$x=3$，6，9）合金里分别只占0、0.09%和0.12%。因此，灰色（深灰色）组织是由Fe(Ga)固溶体相组成。与灰色（深灰色）部分相比，白色（浅灰色）基质部分（微区2，4和6）中钇的含量明显增加，含量分别为9.59%、10.12%和9.59%。因此，掺杂在$Fe_{83}Ga_{17}$合金中的稀土钇主要存在于白色（浅灰色）基体组织中。这意味着白色（浅灰色）组织与钇元素掺杂有关。

为了进一步分析白色（浅灰色）基质的相成分，根据表4-2中列出的EDS数据（微区2，4和6）进行了简单的计算。XRD结果中第二相$(FeGa)_{17}Y_{1.76}$的比例为17/1.76，约等于9.6。在晶界处，也就是白色（浅灰色）组织中的Fe和Ga的总量与Y的比率接近该值。因此，认为白色（浅灰色）组织就是XRD结果中出现的第二相$(FeGa)_{17}Y_{1.76}$。另外，还发现三元合金中的第二相分布在Fe-Ga固溶体相的晶界处，而且其占据面积也随着钇含量的增加而扩大。该结果与XRD分析一致，但目前尚不清楚（$Fe_{0.83}Ga_{0.17}$）$_{100-x}Y_x$（$x=6$和9）中是否存在单质钇相。

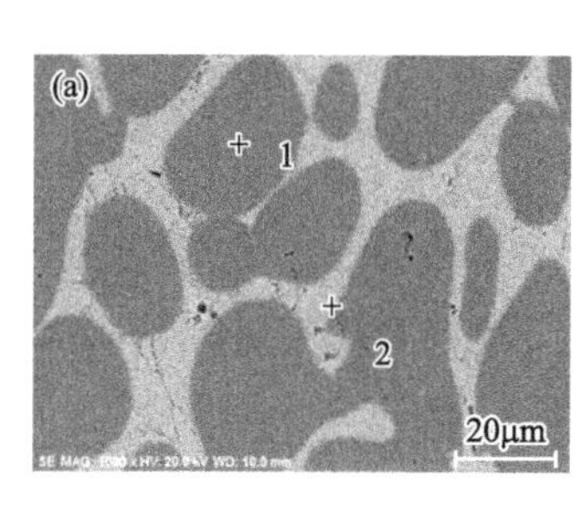

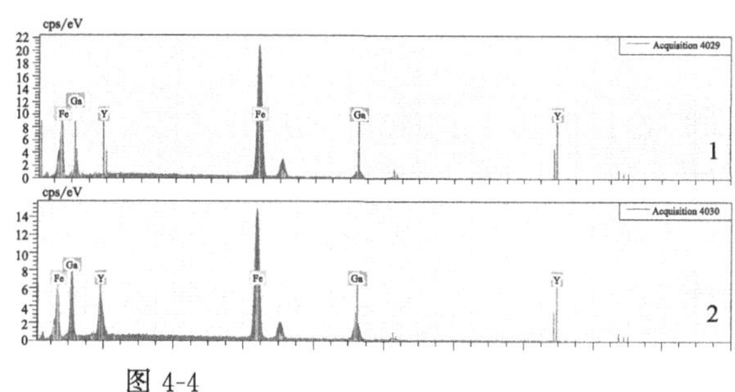

图4-4

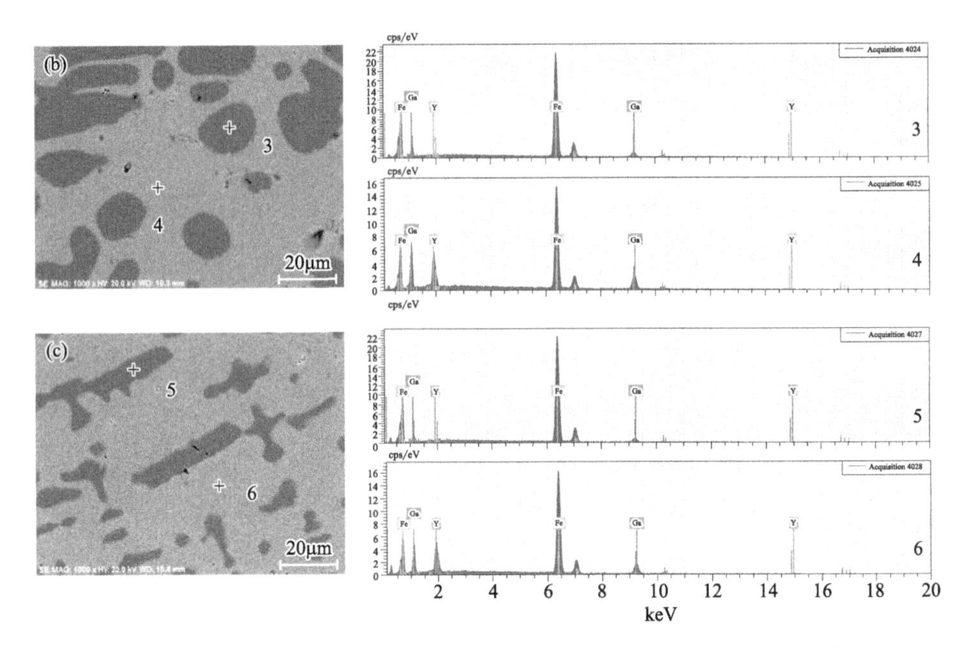

图 4-4 $(Fe_{0.83}Ga_{0.17})_{100-x}Y_x$ 合金的 SEM 照片和相应微区的 EDS 能谱图

(a) $x=3$；(b) $x=6$；(c) $x=9$

表 4-2 $(Fe_{0.83}Ga_{0.17})_{100-x}Y_x$ 合金 EDS 能谱分析结果

样品	微区	元素含量(原子分数)/%		
		Fe	Ga	Y
$x=3$	1	86.94	13.06	0.00
	2	65.01	25.39	9.59
$x=6$	3	90.42	9.49	0.09
	4	68.65	21.23	10.12
$x=9$	5	92.96	6.92	0.12
	6	72.66	17.76	9.59

图 4-5 为 $(Fe_{0.83}Ga_{0.17})_{100-x}Y_x$（$x=0$，3，6，9）合金的表面磁畴结构。从图 4-5 中可以看出，随着钇含量的增加，磁条区域变得更加不规则，图中明暗对比变得不那么明显。这说明钇掺杂降低了 Fe-Ga 合金的磁晶各向异性。Fe-Ga-Y 合金磁晶各向异性的降低与钇的弱磁晶各向异性有关。

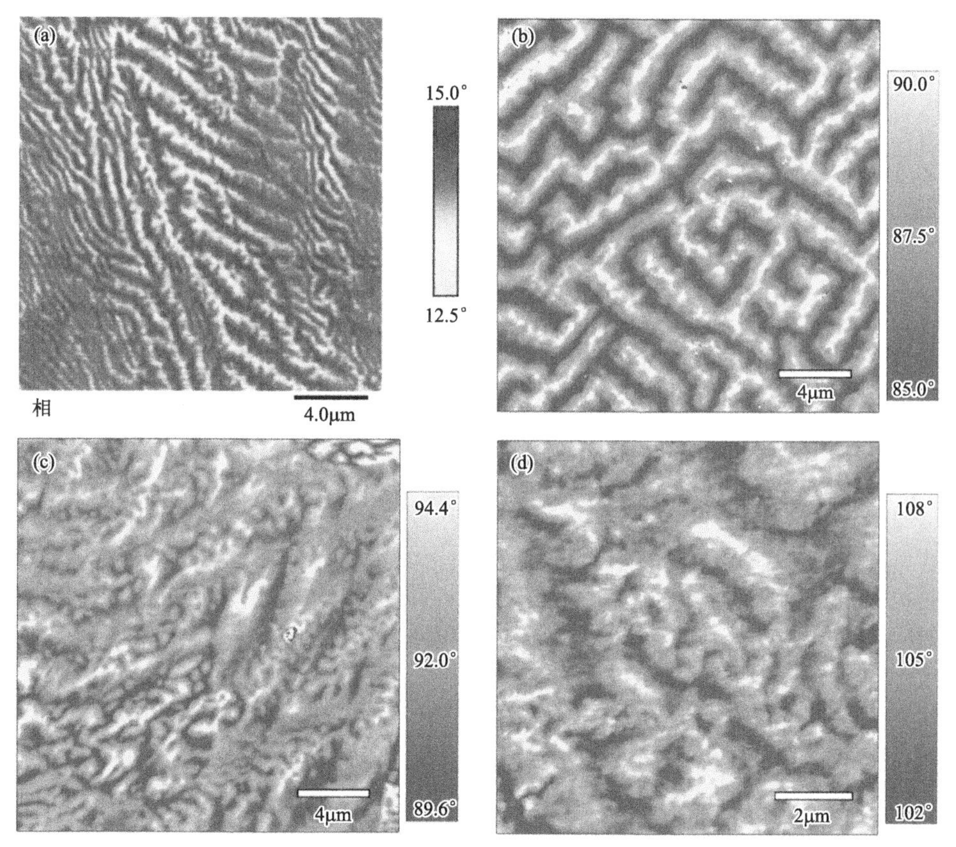

图 4-5　$(Fe_{0.83}Ga_{0.17})_{100-x}Y_x$ 合金的磁畴结构

(a) $x=0$；(b) $x=3$；(c) $x=6$；(d) $x=9$

4.1.3　大剂量 Y 掺杂 Fe-Ga 合金的磁致伸缩性能

图 4-6 为 $(Fe_{0.83}Ga_{0.17})_{100-x}Y_x$（$x=0$，3，6，9）合金在外加磁场中的磁致伸缩性能曲线图。由图 4-6 可知，所有合金的磁致伸缩系数都随着外加磁场的增大而正向增大。二元合金的平均饱和磁致伸缩值为 49×10^{-6}（磁场为 399kA/m），而随着 x 的增加，三元合金的饱和磁致伸缩系数值在不断减小。最小的磁致伸缩系数减小到 12×10^{-6}（$x=9$，磁场为 426kA/m），小于未掺杂合金的 1/3。这一结果与文献 [17，18] 不同，文献中报道了少量的钇掺杂 $(Fe_{83}Ga_{17})_{100-x}Y_x$（$x=0$，0.16，0.32，0.48，0.64）和 $Fe_{81}Ga_{19-x}Y_x$（$x=$ 0.1，0.2，0.3，0.4，0.5）可以改善 Fe-Ga 合金的磁致伸缩性能。因此，

Fe-Ga 合金磁致伸缩性能的提高与稀土掺杂的含量密切相关。

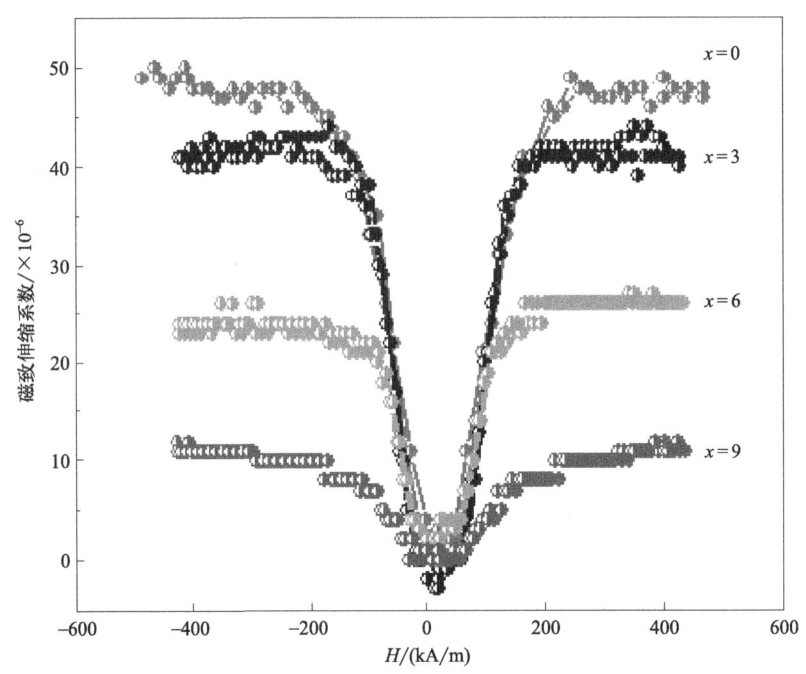

图 4-6 $(Fe_{0.83}Ga_{0.17})_{100-x}Y_x$（$x$=0，3，6，9）合金的磁致伸缩系数与外加磁场的关系

合金的性能很大程度上取决于其微观结构。合金磁致伸缩系数的变化与钇掺杂引起的合金组织的变化密切相关。掺钇合金的磁致伸缩系数小于 Fe-Ga 合金，主要有以下原因：①合金中的 $(FeGa)_{17}Y_{1.76}$ 相和单质钇相可能导致磁致伸缩系数的降低。如图 4-5 所示，磁畴条变得越来越不规则，合金的磁晶各向异性变弱。这些都是由新相的形成所导致的。②稀土掺杂导致 Fe 中固溶的 Ga 元素含量减少。据报道，$Fe_{83}Ga_{17}$ 合金在所有 $Fe_{100-x}Ga_x$（x=17～30）合金中表现出最佳的磁致伸缩性能[19]。此外，大多数研究表明，Fe-Ga 合金中 A2 相的强（100）晶向择优取向是有助于增强合金磁致伸缩性能的[1,5,12]。

然而，在以上研究中，三元合金的 A2 相（100）晶向择优取向并没有改善其磁致伸缩性能。因此，需要进一步研究择优取向是否可以改善 Fe-Ga 合金的磁致伸缩性能。此外，$(Fe_{0.83}Ga_{0.17})_{100-x}Y_x$（$x$=0，3，6，9）合金的磁致伸缩系数随着 x 的增加急剧下降，这主要有以下原因：①钇含量大导致合金中单质钇的形成；②合金中 $(FeGa)_{17}Y_{1.76}$ 相的含量随 x 的增加而增多。

总体来看，本部分研究了大剂量（高于 3%，低于 9%）Y 掺杂对 $(Fe_{0.83}Ga_{0.17})_{100-x}Y_x$（$x=0$，3，6，9）系列合金的微观结构和磁致伸缩性能的影响，得到如下结论：

① $Fe_{83}Ga_{17}$ 合金由单一的 Fe(Ga) 固溶体相（具有 bcc 结构）组成。然而，三元合金除了 A2 相外，还有 $(FeGa)_{17}Y_{1.76}$ 相和单质钇相组成。与二元合金相比，三元合金晶格常数变小。

② $(Fe_{0.83}Ga_{0.17})_{100-x}Y_x$（$x=0$，3，6，9）合金的微观结构是由灰色（深灰色）基体中嵌入的白色（浅灰色）组织组成。灰色（深灰色）基体和白色（浅灰色）组织被推断为具有 bcc 结构的 A2 相和具有 hcp 结构的 $(Fe\text{-}Ga)_{17}Y_{1.76}$ 相。

③ 大剂量的钇掺杂并没有改善 $Fe_{83}Ga_{17}$ 合金的磁致伸缩性能。随着 x 的增加，三元合金的磁致伸缩系数不断降低。当 $x=9$ 时，在 426kA/m 的磁场下最小磁致伸缩系数降低到 12×10^{-6}，该值小于 $Fe_{83}Ga_{17}$ 合金的 1/3。

④ 磁致伸缩系数的降低是由于稀土钇的过度掺杂，导致产生了 $(FeGa)_{17}Y_{1.76}$ 相甚至出现了单质钇相，而稀土钇本身的磁晶各向异性很弱。因此，对改善 Fe-Ga 的磁致伸缩性能并没有益处。

4.2 小剂量多稀土掺杂 Fe-Ga 合金

为了研究不同稀土元素对 Fe-Ga 合金结构和磁致伸缩的影响，选取了 6 种稀土元素进行掺杂。这 6 种稀土元素分别为：La，Ce，Pr，Nd，Sm 和 Y 元素。此外，为了探究小剂量稀土的掺杂量对 Fe-Ga 合金结构和磁致伸缩的影响，选取掺杂量分别为 $x=0.04$ 和 0.2。掺杂量 $x=0.04$ 的选取主要源于以下事实。在 La，Ce，Pr，Nd，Sm 和 Y 元素中，原子半径最大的元素是 La。根据 Fe-La 平衡相图，La 在 Fe 中的固溶度极限为 0.04%（原子分数）。选取掺杂量为 $x=0.2$ 的原因主要是根据以往文献报道[1,2]，稀土掺杂量为 $x=0.2$ 时，Fe-Ga 合金的磁致伸缩性能较好。本节将加深对稀土掺杂 Fe-Ga 铸态合金磁致伸缩性能机理的研究。

将掺杂 La，Ce，Pr，Nd，Sm 和 Y 元素的 Fe-Ga 合金，分为 Ce，Sm 和 Y 掺杂 Fe-Ga 合金以及 La，Pr 和 Nd 掺杂 Fe-Ga 合金两组分别进行分析。这是依据 Ce，Sm，Y 元素进入 Fe-Ga 主相晶格之中的非常少，而 La，Pr，Nd 元素进入 Fe-Ga 主相晶格之中的较多。因此，本部分将分别分析两组稀土掺杂元素对 Fe-Ga 合金微观结构和磁致伸缩性能的影响。

4.2.1 小剂量稀土掺杂 Fe-Ga 合金的制备及其结构与性能表征方法

商业纯度（>99%）的 Fe，Ga 和稀土金属（La，Ce，Pr，Nd，Sm，Y）元素用作起始原料。在氩气气氛下，使用真空电弧熔炼法制备 $Fe_{83}Ga_{17}R_x$（R=La，Ce，Pr，Nd，Sm，Y；x=0，0.04，0.2）铸态合金。通过电火花线切割机将这些铸锭切割成几个［10(X)×10(Y)×2(Z)］mm^3 的矩形薄片(其中，X 是平行于电弧熔炼炉模具底面的方向；Y 是垂直于电弧熔炼炉模具底面的方向；Z 是垂直于 X 和 Y 的方向。而在 x=0 合金中，X 是垂直于电弧熔炼炉模具底面的方向；Y 是平行于电弧熔炼炉模具底面的方向)。切割样品的示意图如图 4-7 所示。

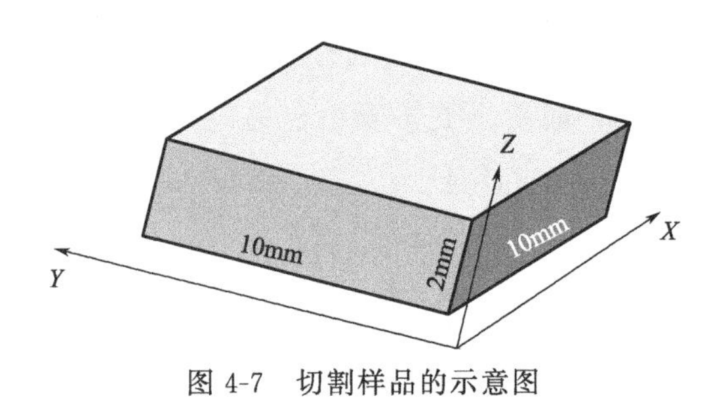

图 4-7　切割样品的示意图

4.2.2 小剂量 Ce，Sm 和 Y 掺杂 Fe-Ga 合金的结构和磁性能

研究发现，Ce，Sm 和 Y 掺杂 Fe-Ga 时，这些元素进入 Fe-Ga 主相晶格之中的非常少。因此，本部分将这三种元素放到一起进行对比研究。

图 4-8 是 $Fe_{83}Ga_{17}R_x$(R=Ce，Sm，Y；x=0，0.04，0.2）铸态合金的 X 射线衍射图。由图 4-8 可见，所有合金样品均由单一 A2 相组成。仔细观察图 4-8 发现，稀土掺杂导致所有合金样品的 XRD 衍射峰的峰强产生了不同程度的变化。不仅稀土元素的种类会引起各合金样品衍射峰的相对强度发生不同程度的变化，而且稀土元素掺杂的含量也会引起衍射峰的强度发生变化。

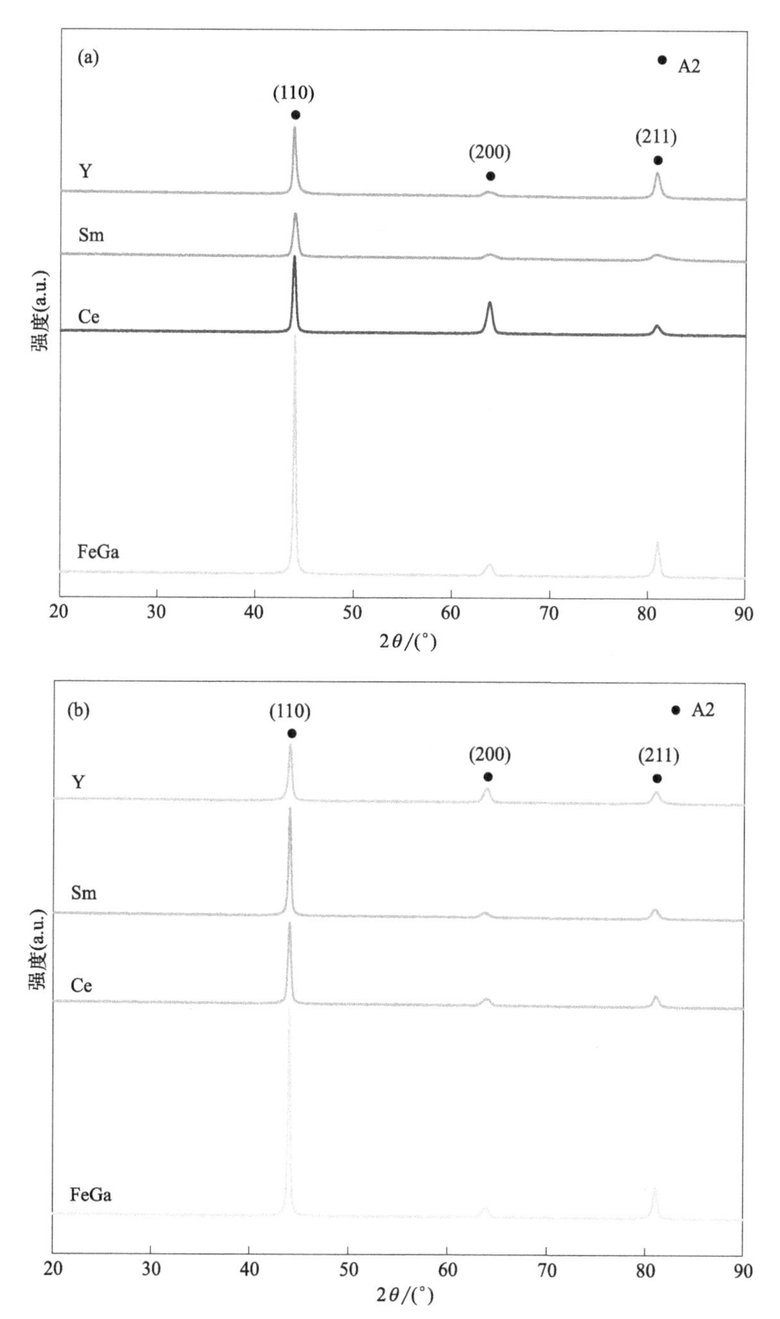

图 4-8　$Fe_{83}Ga_{17}R_x$（R=Ce，Sm，Y；x=0，0.04，0.2）铸态合金的 X 射线衍射图

（a）x=0，0.04 合金；（b）x=0，0.2 合金

前期多个研究表明[6,12,20]，稀土掺杂 Fe-Ga 合金的磁致伸缩性能与合金沿（100）取向有关。图 4-9 是 $Fe_{83}Ga_{17}R_x$（R＝Ce，Sm，Y；x＝0，0.04，

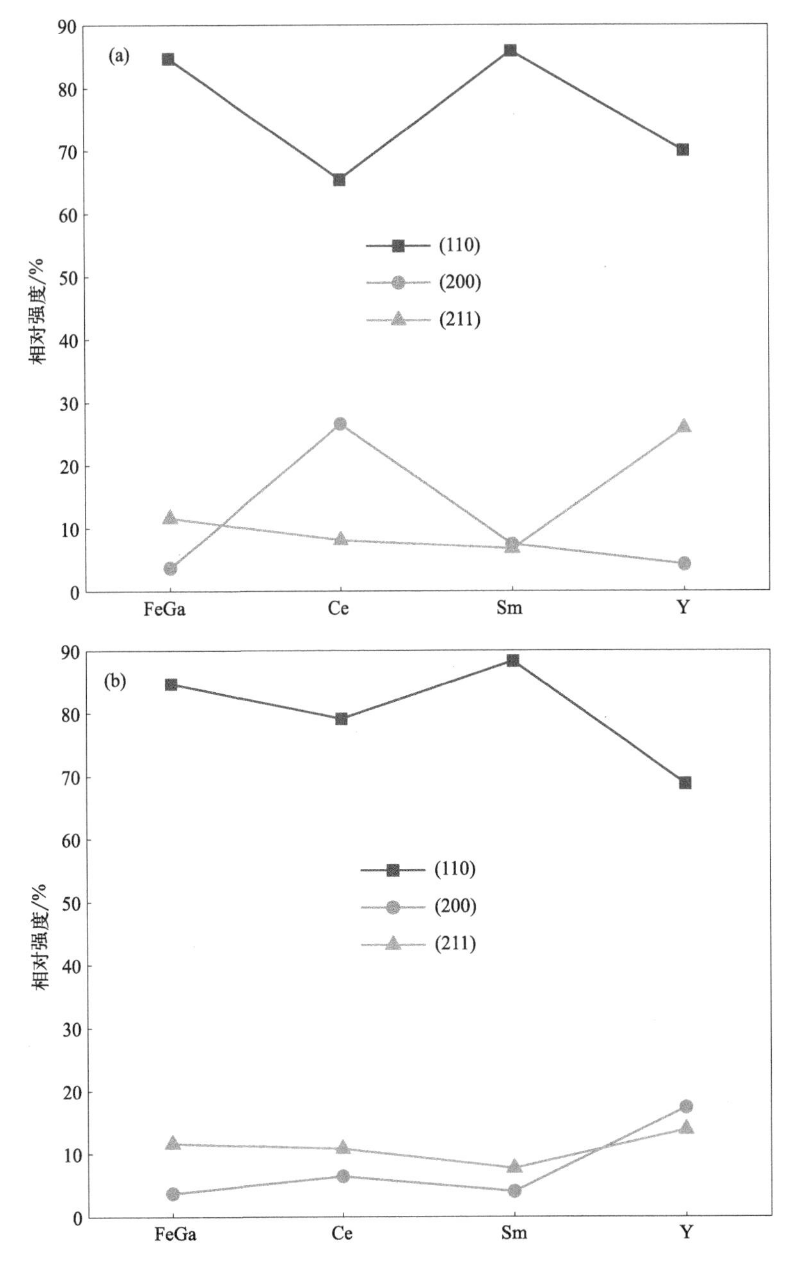

图 4-9　$Fe_{83}Ga_{17}R_x$（R＝Ce，Sm，Y；x＝0，0.04，0.2）铸态合金主峰的相对强度

(a) x＝0，0.04 合金；(b) x＝0，0.2 合金

0.2）铸态合金中各衍射峰的相对峰强。由图 4-9(a) 可以看出，在 $x=0.04$ 的合金中，三种稀土元素掺杂均可引起（200）衍射峰的相对强度 $I_{(200)}$ 不同程度增加。三种稀土元素中，Ce 和 Sm 元素引起 $I_{(200)}$ 增大的幅度要比 Y 元素大得多。一般，衍射峰的强度越高，表明合金越容易沿该衍射峰方向形成择优取向。此外，对比图 4-9(a) 和（b）发现，随着 Y 稀土掺杂含量的增加，合金中的 $I_{(200)}$ 急剧增加，这表明 Y 掺杂量越多，其相应的合金样品越容易沿（200）方向形成择优取向。然而，对比不同含量的 Ce 和 Sm 掺杂合金样品中的 $I_{(200)}$，发现掺杂含量越低，其相应合金样品中的 $I_{(200)}$ 越高，合金越容易沿（200）方向形成择优取向。

为了进一步分析不同稀土掺杂 Fe-Ga 合金中择优取向不同的原因，本部分采用 SEM 结合 EDS 分析了 $Fe_{83}Ga_{17}R_x$（R=Ce，Sm，Y；$x=0$，0.04，0.2）铸态合金的形貌和成分。由于稀土元素的原子序数大，BSE 适合于区分富含稀土的第二相与稀土含量较少的主相。图 4-10 是 $Fe_{83}Ga_{17}R_x$（R=Ce，Sm，Y；$x=0$，0.04，0.2）铸态合金的 BSE 照片。由图 4-10 可见，$Fe_{83}Ga_{17}$ 合金由单一组织组成，表明是由单一的 A2 相组成。而稀土掺杂 Fe-Ga 合金，均是由两种组织组成。其中，深色组织是主相，明亮颜色组织是富稀土第二相。对比发现，前面 XRD 结果显示合金样品中没有第二相衍射峰出现，而在 SEM 照片中却可以很明显地看到第二相的存在，这是由于第二相的含量很少，无法通过 X 射线衍射检测到。结合 XRD 结果和 SEM 照片，可以推测，Ce，Sm，Y 掺杂的 Fe-Ga 铸态合金中 $I_{(200)}$ 的不同变化趋势可能与富稀土第二相的形成有关。此外，在 SEM 照片上可以观察到富稀土第二相与

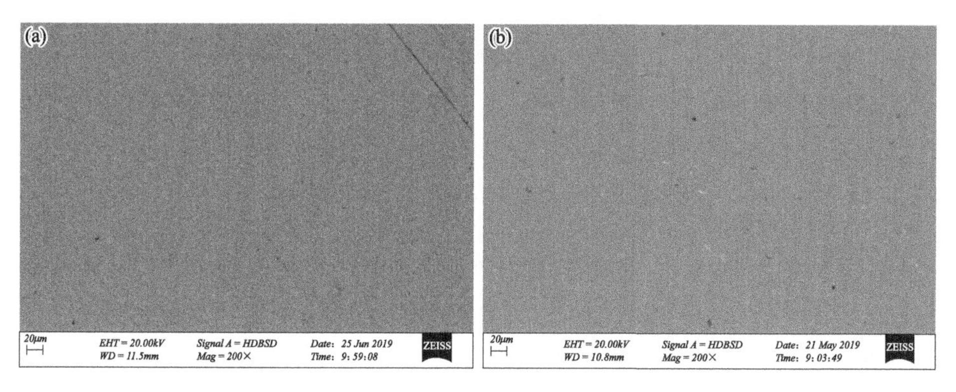

图 4-10

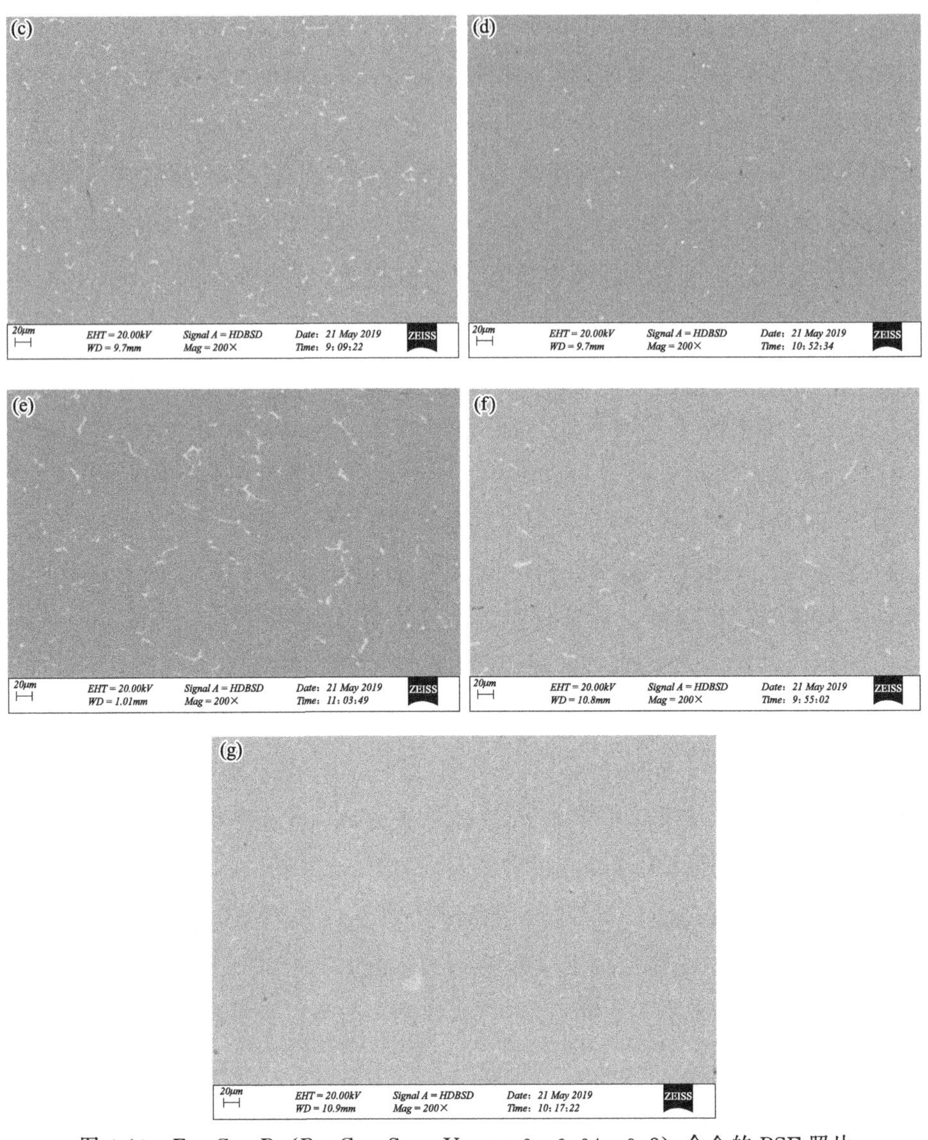

图 4-10　$Fe_{83}Ga_{17}R_x$（R=Ce，Sm，Y；x=0，0.04，0.2）合金的 BSE 照片

(a) $Fe_{83}Ga_{17}$；(b) $Fe_{83}Ga_{17}Ce_{0.04}$；(c) $Fe_{83}Ga_{17}Ce_{0.2}$；(d) $Fe_{83}Ga_{17}Sm_{0.04}$；
(e) $Fe_{83}Ga_{17}Sm_{0.2}$；(f) $Fe_{83}Ga_{17}Y_{0.04}$；(g) $Fe_{83}Ga_{17}Y_{0.2}$

主相不是共生生长的，这是由于主相和富稀土第二相之间没有共同的生长界面，这表明它们是独立生长的，也就是离异生长[21]。此外，根据相图确定主相和富稀土第二相的固相温度[22] 和高温 DSC 分析[4]，富稀土第二相是在主相之后凝固。

采用 EBSD 进一步研究稀土元素掺杂对 Fe-Ga 铸态合金的取向和晶粒形貌的影响。图 4-11 是 $Fe_{83}Ga_{17}R_x$（R=Ce，Sm，Y；x=0.04，0.2）铸态合金的能带对比（BC）照片。由图 4-11 可见，所有稀土掺杂 Fe-Ga 铸态合金的晶粒形貌均表现为柱状晶、等轴晶或两者并存。而在先前的研究[20]中，$Fe_{83}Ga_{17}$ 铸态合金的晶粒形貌为等轴晶。细致观察发现，Ce 掺杂 Fe-Ga 铸态合金的晶粒形貌均呈现柱状晶。对于 Sm 掺杂 Fe-Ga 铸态合金，当 x=0.04

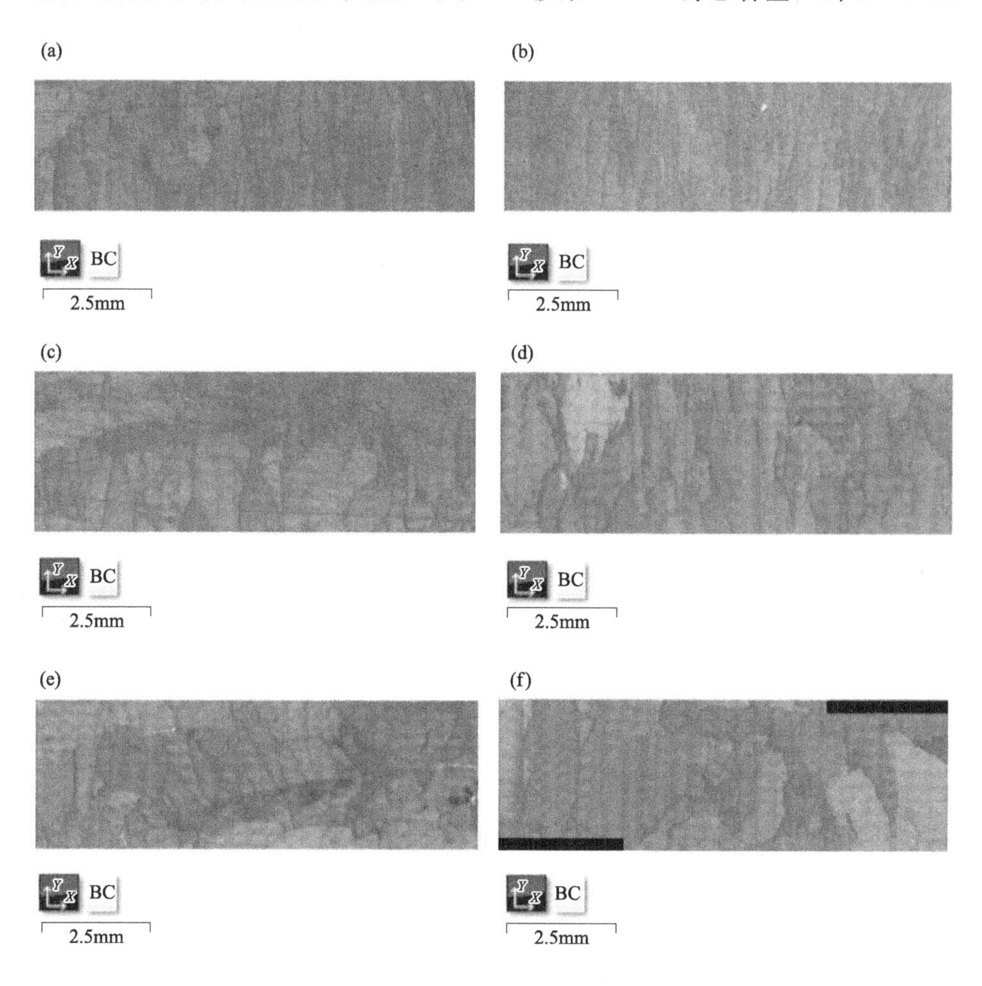

图 4-11　$Fe_{83}Ga_{17}R_x$（R=Ce，Sm，Y；x=0.04，0.2）铸态合金的能带对比（BC）显微照片

(a) $Fe_{83}Ga_{17}Ce_{0.04}$；(b) $Fe_{83}Ga_{17}Ce_{0.2}$；(c) $Fe_{83}Ga_{17}Sm_{0.04}$；(d) $Fe_{83}Ga_{17}Sm_{0.2}$；(e) $Fe_{83}Ga_{17}Y_{0.04}$；(f) $Fe_{83}Ga_{17}Y_{0.2}$.

时，在电弧炉模具底部附近（Y 轴为 0，沿 X 轴正方向，电弧熔炼炉的示意图见图 4-12），部分晶粒的形貌呈柱状晶，在远离炉底的方向上（Y 轴正方向），晶粒的形貌呈无规排列的等轴晶和垂直于Y 轴的一些柱状晶；当 $x=0.2$ 时，合金样品中等轴晶的含量减少，大部分晶粒的形貌为柱状晶。在 Y 掺杂的 Fe-Ga 铸态合金中，当 $x=0.04$ 时，晶粒的形貌为少量的柱状晶，以及大量的没有固定取向的等轴晶；当 $x=0.2$ 时，柱状晶体的比例增加，等轴晶体仅存在于远离模具底部的位置（Y 轴正方向）。柱状晶的形成与电弧熔炼炉自身的构成有关。正如图 4-12 所示，电弧熔炼炉的模具中有冷却水。当将熔融金属倒入温度较低的模具中时，模具壁附近的熔融合金会被激冷，这会产生大的过冷度，从而导致熔融合金中产生大量不均匀的形核，并在模具壁附近形成细小的等轴晶。由于在固液界面（沿着垂直于界面方向）上的单向散热，在垂直于模具壁的单向热流的作用下，凝固界面前缘的晶粒由等轴生长转变为单向枝状生长。并且，那些主干的取向平行于热流方向的树枝晶，会优先向内生长并抑制相邻树枝晶的生长，而在逐渐淘汰那些取向不利的晶体后，它们会发展成柱状晶。此外，如果柱状晶区域的前部有利于形成等轴晶体，则等轴晶体形成后会抑制柱状晶体的生长[21]。沿着熔炼炉模具，从底部到上部，Fe-Ga 铸态合金

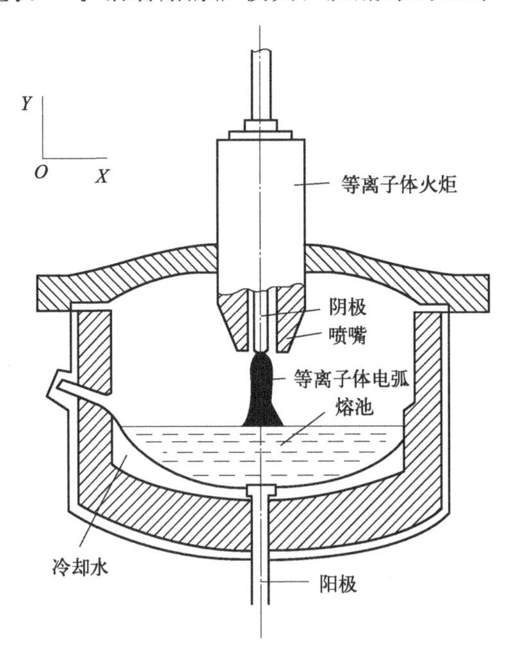

图 4-12　电弧熔炼工艺示意图

的最终结构是激冷等轴晶区-柱状晶体区-内部等轴晶区。

图 4-13 和表 4-3 显示了 $Fe_{83}Ga_{17}R_x$（R=Ce，Sm，Y；x=0.04，0.2）铸态合金的 EDS 分析结果。从图 4-13 和表 4-3 可以看出，稀土元素几乎全部聚集到富稀土第二相中。这种现象与过冷区的形成有关。过冷区的形成是受到固

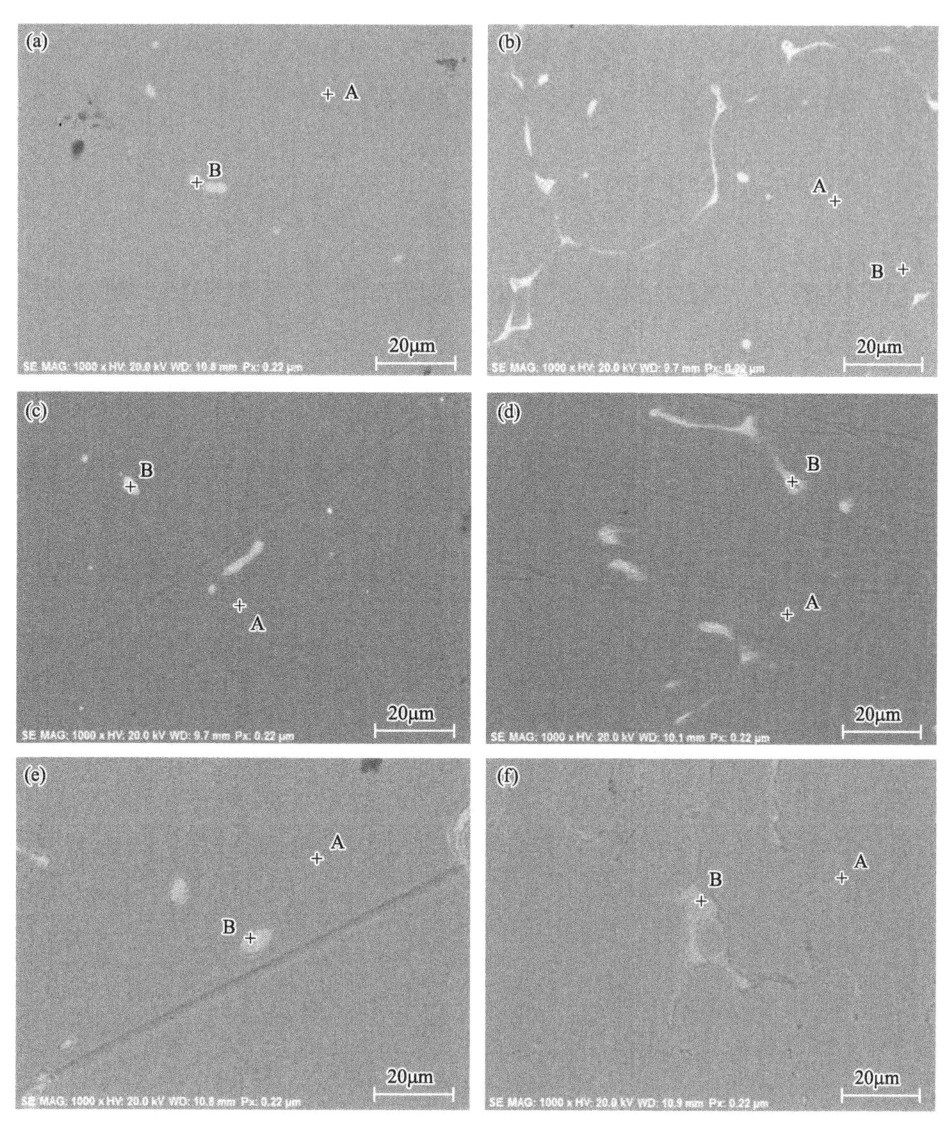

图 4-13 $Fe_{83}Ga_{17}R_x$（R=Ce，Sm，Y；x=0.04，0.2）合金的 EDS 照片

(a) $Fe_{83}Ga_{17}Ce_{0.04}$；(b) $Fe_{83}Ga_{17}Ce_{0.2}$；(c) $Fe_{83}Ga_{17}Sm_{0.04}$；(d) $Fe_{83}Ga_{17}Sm_{0.2}$；(e) $Fe_{83}Ga_{17}Y_{0.04}$；(f) $Fe_{83}Ga_{17}Y_{0.2}$

液界面前端的边界区的影响，其示意图如图 4-14 所示。在液体与边界区域之间，溶质（稀土元素）只能通过缓慢扩散穿过边界区域。但是溶质（稀土元素）却可以通过快速对流在液体的其他部分中流动[23]。因此，溶质（稀土元素）将聚集在边界区域并形成成分过冷。由于富稀土第二相在主相后凝固，而且固液界面之间的溶质（稀土元素）交换只能通过缓慢扩散[21]，因此当主相凝固时，溶质（稀土元素）会聚集在边界区域，然后在基体相凝固后形成富稀土第二相。因此，几乎所有的稀土元素都聚集在富稀土第二相中。

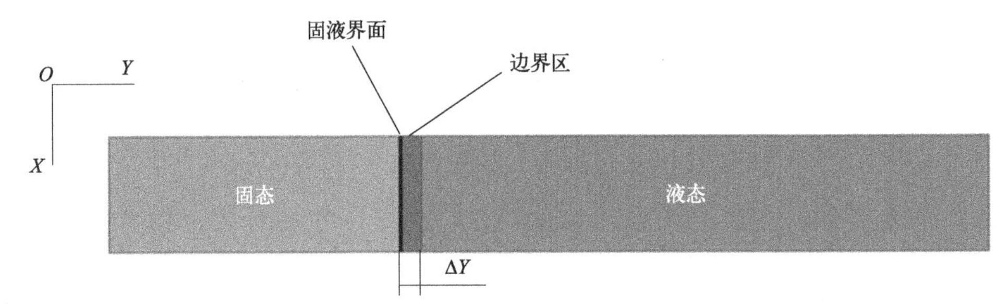

图 4-14　边界区和固液界面示意图

ΔY—边界区域（过冷区域）的宽度

表 4-3　$Fe_{83}Ga_{17}R_x$（R=Ce，Sm，Y；x=0.04，0.2）合金的 EDS 分析结果

组分（x）	掺杂元素（R）	标记	原子分数/%		
			Fe	Ga	N
x=0.04	Ce	A	85.28	14.62	0
		B	33.55	45.72	20.73
	Sm	A	84.61	15.39	0
		B	26.59	53.30	20.10
	Y	A	83.62	16.38	0
		B	44.67	38.41	16.93
x=0.2	Ce	A	84.42	15.52	0.06
		B	30.95	47.44	21.61
	Sm	A	83.95	16.05	0
		B	43.21	40.59	16.20
	Y	A	84.15	15.84	0
		B	63.18	27.26	9.56

晶粒形成的不同形态与边界区域的宽度（ΔY）有关（如图 4-14 所示）。通常，ΔY 可通过以下公式计算：

$$\Delta Y=\frac{2D_L}{R}+\frac{2K_0G_LD_L^2}{m_LC_0(1-K_0)R^2} \tag{4-1}$$

式中，D_L 为溶质在液体中的扩散系数；R 为凝固速度；K_0 为平衡分配系数；G_L 为固液界面前端液相温度场的实际温度梯度；m_L 为液相线的斜率；C_0 为合金的原始成分。随着 G_L 的减小，ΔY 将趋于变大，这是由于在固液界面的前端温度梯度为负值，这导致晶胞突起进一步延伸到液相中，促使柱状晶形成。结合 EDS 分析和相图[22] 可以总结出，对于掺 Ce 的 Fe-Ga 铸态合金，G_L 从−490℃(x=0.04) 升高到−510℃(x=0.2)；对于掺 Sm 的 Fe-Ga 铸态合金，G_L 从−580℃(x=0.04) 降低到−510℃(x=0.2)；对于掺 Y 的 Fe-Ga 铸态合金，G_L 从−490℃(x=0.04) 降至−210℃(x=0.2)。也可以通过比较富稀土第二相和主相之间铁含量的差异来判断 G_L 的值，因为凝固温度会随着铁含量的增加而升高。如果第二相和主相之间的铁含量差异较小，则 G_L 的值将减小。结合 EDS 分析，可以得出与相图分析相同的 G_L 变化趋势。由此，可以推断出 ΔY 是影响晶粒形成形态的主要因素。对于掺 Sm 和 Y 的 Fe-Ga 铸态合金，与 x=0.04 样品相比，对于相应的 x=0.2 样品，它们的 G_L 减小，导致 ΔY 增大，促使柱状晶形成。但是，对于 Ce 掺杂的 Fe-Ga 铸态合金，与 x=0.04 样品相比，由于 G_L 的增加，导致 ΔY 减小，在 x=0.2 样品中柱状晶的含量减少。

对于金属固溶体，无论是密排面还是非密排面，都是粗糙界面[23]。在凝固过程中，无论所涉及的晶面指数如何，原子都可以轻松迁移到粗糙界面。但是，晶体的生长方向仍然存在轻微的各向异性，导致枝晶臂沿特定的晶向生长，而树枝晶主干和分支臂的生长方向通常由低指数晶向决定，在 bcc 晶体系统中，该方向为〈100〉晶向。这种趋势是由界面能和原子键合动力学的各向异性（晶体中原子接受的难易程度）不同而引起的[24]。但是，如果这样的晶体仅在动力学过冷条件下，且凝固界面是平整的，则其生长方向是逆着热流方向并与之平行，而与晶体学取向无关。Fe-Ga 的磁致伸缩性能是各向异性的，而且沿〈001〉方向磁致伸缩系数最大[25-27]。$Fe_{83}Ga_{17}R_x$（R=Ce，Sm，Y；x=0，0.04，0.2）铸态合金的基相为 bcc 结构的 A2 相，而铸态合金中的柱状晶通常由树枝晶演变而成[28]。因此，可以得出结论，$Fe_{83}Ga_{17}R_x$（R＝Ce，Sm，Y；x＝0，0.04，0.2）铸态合金中柱状晶的形成，以及在液-固界面的前端的成分过冷，都有利于样品中（001）取向的织构的形成，这将会增加铸态合金样品的磁致伸缩性能。

图4-15是$Fe_{83}Ga_{17}R_x$（R＝Ce，Sm，Y；x＝0.04，0.2）铸态合金的极图（PF）。由图4-15可见，结合先前的分析，在具有大量柱状晶并且液-固界面前端具有成分过冷的合金中，会形成具有（001）取向的织构。这在掺Sm的Fe-Ga铸态合金样品中尤为明显，在$Fe_{83}Ga_{17}Sm_{0.04}$铸态合金中，织构的取向非常混乱，形成的织构没有特定的取向。而在$Fe_{83}Ga_{17}Sm_{0.2}$铸态合金中，可以看出（001）取向的织构含量显著增加，并且这些织构集中在X，Y方向（如图4-15所示），而其他取向的织构的含量减少。而成分过冷对取向的影响也可以从图4-15中看出，对于所有的x＝0.2的样品，其极图指数分布的最大值（Ce：11.16；Sm：9.28；Y：16.20）大于相应的稀土掺杂量较少的x＝0.04%样品（Ce：10.13；Sm：6.88；Y：10.96），这表明成分过冷的形成有利于（001）织构的形成。

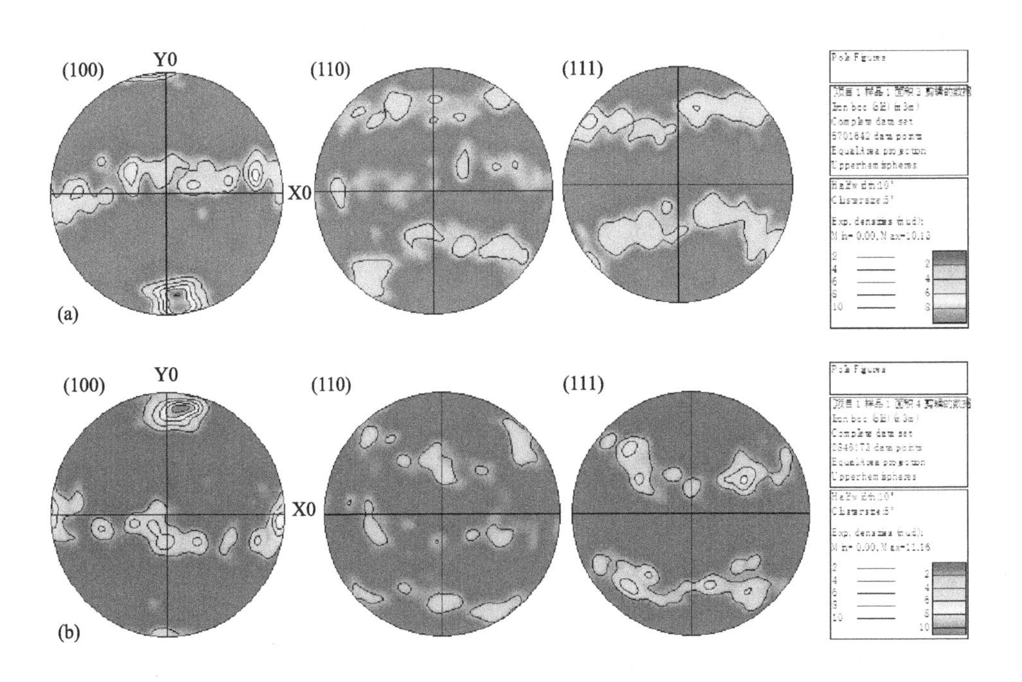

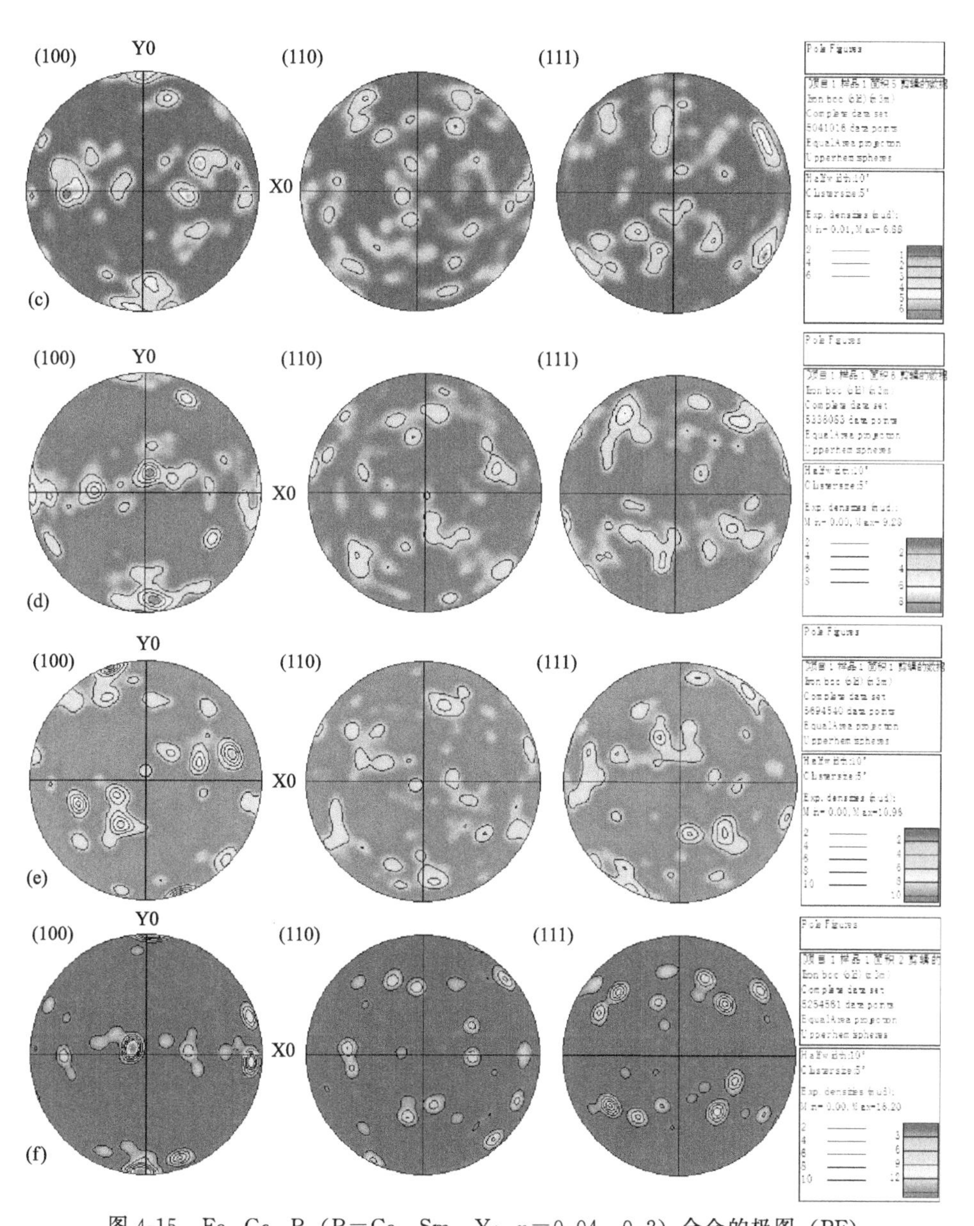

图4-15　$Fe_{83}Ga_{17}R_x$（R=Ce，Sm，Y；x=0.04，0.2）合金的极图（PF）

(a) $Fe_{83}Ga_{17}Ce_{0.04}$；(b) $Fe_{83}Ga_{17}Ce_{0.2}$；(c) $Fe_{83}Ga_{17}Sm_{0.04}$；(d) $Fe_{83}Ga_{17}Sm_{0.2}$；

(e) $Fe_{83}Ga_{17}Y_{0.04}$；(f) $Fe_{83}Ga_{17}Y_{0.2}$

图4-16为$Fe_{83}Ga_{17}R_x$（R=Ce，Sm，Y；x=0.04，0.2）铸态合金的反极图（IPF）与能带对比度（BC）的结合图。由图4-16可见，$Fe_{83}Ga_{17}Ce_{0.2}$

铸态合金中的（001）取向的织构的含量比 $Fe_{83}Ga_{17}Ce_{0.04}$ 铸态合金中低，这是因为在 $Fe_{83}Ga_{17}Ce_{0.2}$ 铸态合金中，合金上部的等轴晶阻碍了柱状晶的生长。对于其他两组合金，稀土元素掺杂量较大的合金的（001）取向织构的含量比相应的稀土掺杂量较少合金的（001）取向织构的含量高。这是因为在稀土掺杂量较大的合金中，稳定壳层的形成有利于柱状晶的形成，并且液固界面前端的成分过冷有利于（001）取向晶体的形成。

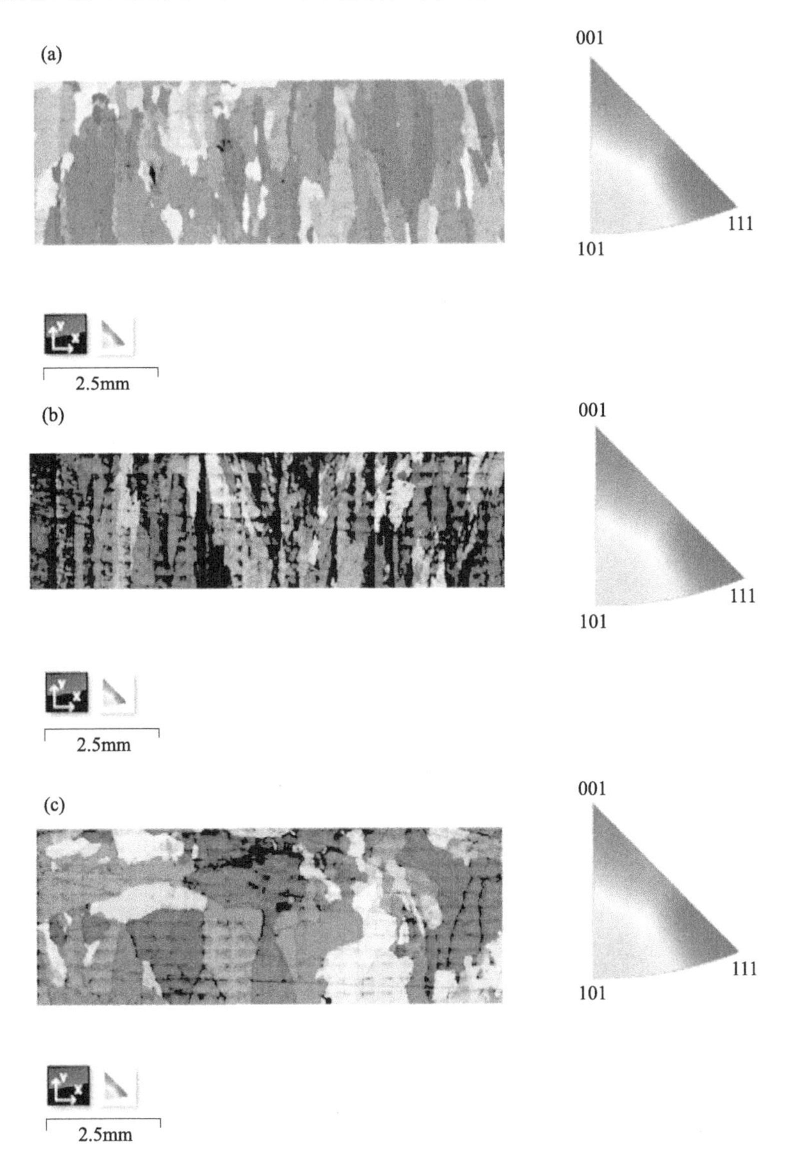

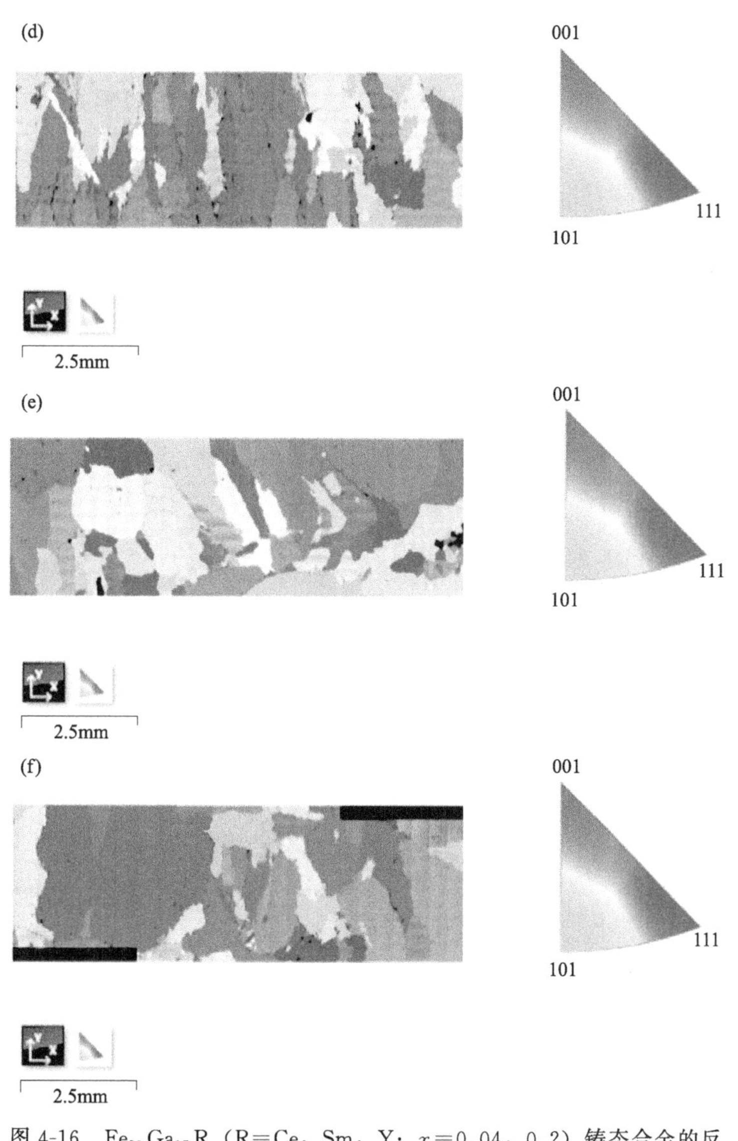

图 4-16 $Fe_{83}Ga_{17}R_x$(R=Ce，Sm，Y；x=0.04，0.2）铸态合金的反极图（IPF）与能带对比度（BC）结合图

(a) $Fe_{83}Ga_{17}Ce_{0.04}$；(b) $Fe_{83}Ga_{17}Ce_{0.2}$；(c) $Fe_{83}Ga_{17}Sm_{0.04}$；(d) $Fe_{83}Ga_{17}Sm_{0.2}$；(e) $Fe_{83}Ga_{17}Y_{0.04}$；(f) $Fe_{83}Ga_{17}Y_{0.2}$

图 4-17 示出 $Fe_{83}Ga_{17}R_x$(R=Ce，Sm，Y；x=0，0.04，0.2）铸态合金的磁致伸缩性能。由图 4-17 可见，对于 Ce 掺杂合金，x=0.2 合金的磁

致伸缩系数小于相应的 $x=0.04\%$合金。这是由于 $x=0.2\%$样品中，ΔY 的降低导致柱状晶的消失。此外，大量的溶质（稀土元素）富集在固液界面前端，导致固液界面前端形成较大的成分过冷，从而促使大量的（001）取向的柱状晶形成。然而，较大的成分过冷也导致成核不均匀，这促使等轴晶的形成并阻碍了柱状晶的形成。对于 Sm，Y 掺杂的 Fe-Ga 铸态合金，$x=0.2$ 合金的磁致伸缩系数比相应的 $x=0.04$ 合金大。这是因为 $x=0.2$ 合金中 ΔY 增加，导致柱状晶的形成。起初由于溶质含量小，在铸锭底部没有形成稳定的激冷等轴晶壳层，从而阻碍了柱状晶的形成，但是随着稀土元素掺杂量的增加，大量的溶质元素将形成稳定的壳层和成分过冷区，这有利于（001）取向的柱状晶的形成。在这里，磁致伸缩系数的变化趋势与 XRD 衍射峰的相对强度（如图 4-9 所示）有一点不一致，这是受柱状晶形成的影响。从 XRD 结果可以看出（200）取向织构的形成，但是不能确认这些织构就是柱状晶，而根据上文分析，柱状晶的出现有利于样品的磁致伸缩性能，这导致 XRD 衍射峰的相对强度与磁致伸缩系数的变化趋势不一致。

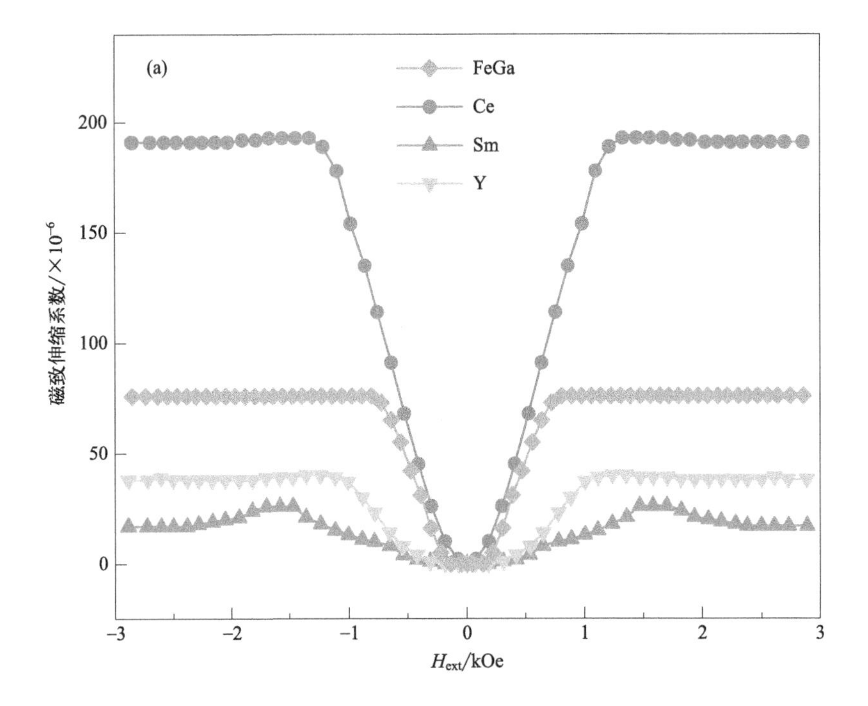

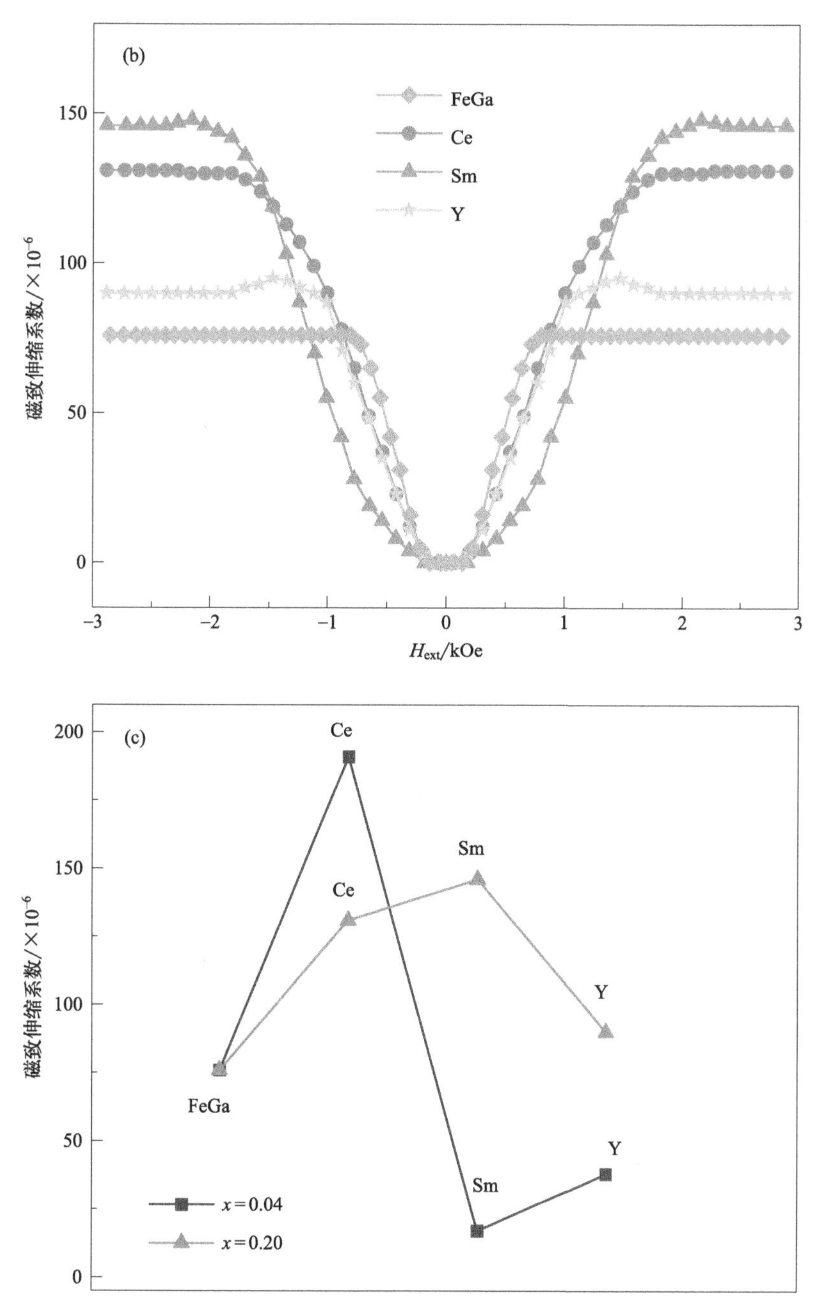

图 4-17　$Fe_{83}Ga_{17}R_x$（R=Ce，Sm，Y；x=0.04，0.2）铸态合金的磁致伸缩性能［(a) x=0，0.04；(b) x=0，0.2］及在不同组分中具有不同掺杂元素的磁致伸缩性能的变化（c）

图 4-18 示出 $Fe_{83}Ga_{17}R_{0.04}$（R＝Ce，Sm）样品的磁滞回线和饱和磁致伸缩系数。从图 4-18(a) 和（b）可以看出，一个样品在不同方向上的饱和磁场是不同的。饱和磁场的大小代表样品磁化的难易程度，饱和磁场较低的方向为易磁化方向，而饱和磁场较高的方向为难磁化方向。而一个样品在不同方向上的饱和磁场不同，通常，表明样品是各向异性的，并且沿着易磁化方向形成了织构[29]。与掺 Sm 的 Fe-Ga 铸态样品相比，掺 Ce 的 Fe-Ga 铸态样品的饱和磁场具有更明显的差异。这表明与掺 Sm 的 Fe-Ga 样品相比，掺 Ce 的 Fe-Ga 样品具有更大的各向异性，换言之，具有更多的织构，并且织构是沿着 Y 方向而不是 X 方向。通常，样品沿织构方向的磁致伸缩系数会变大[29]。图 4-17(c) 显示了 $Fe_{83}Ga_{17}R_{0.04}$（R＝Ce，Sm）样品沿不同方向的饱和磁致伸缩，与该结论一致。因此，在这里可以得出结论，稀土掺杂会诱导织构的形成，并且织构的取向是沿着热流方向（在本章中为 Y 方向）。与 $Fe_{83}Ga_{17}Ce_{0.04}$ 合金相比，$Fe_{83}Ga_{17}Sm_{0.04}$ 合金的织构含量较少，实际上该样品趋于各向同性，这导致 $Fe_{83}Ga_{17}Sm_{0.04}$ 合金较低的磁致伸缩系数。

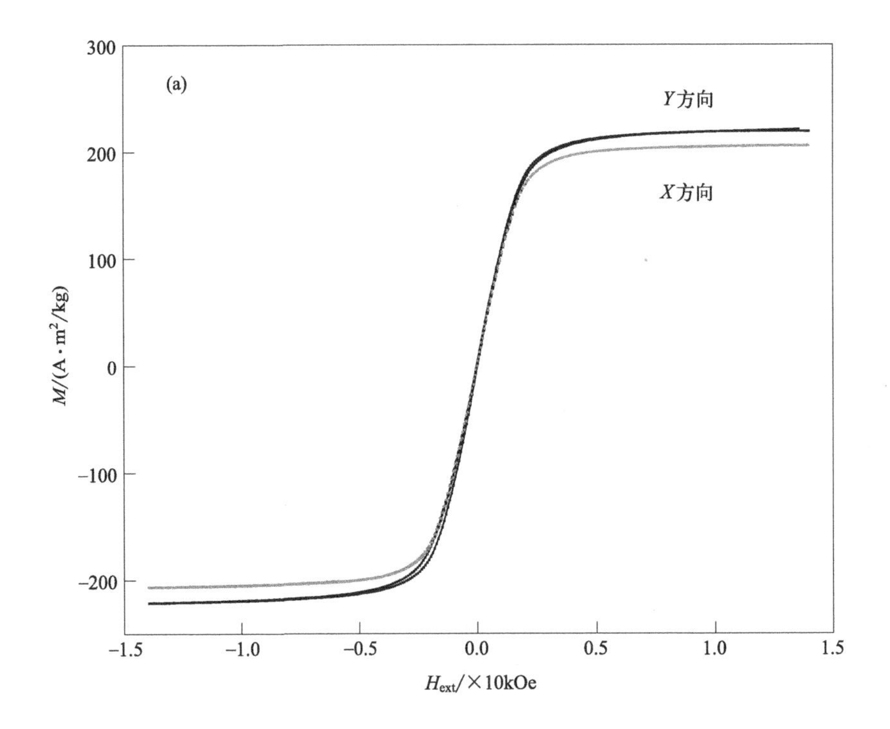

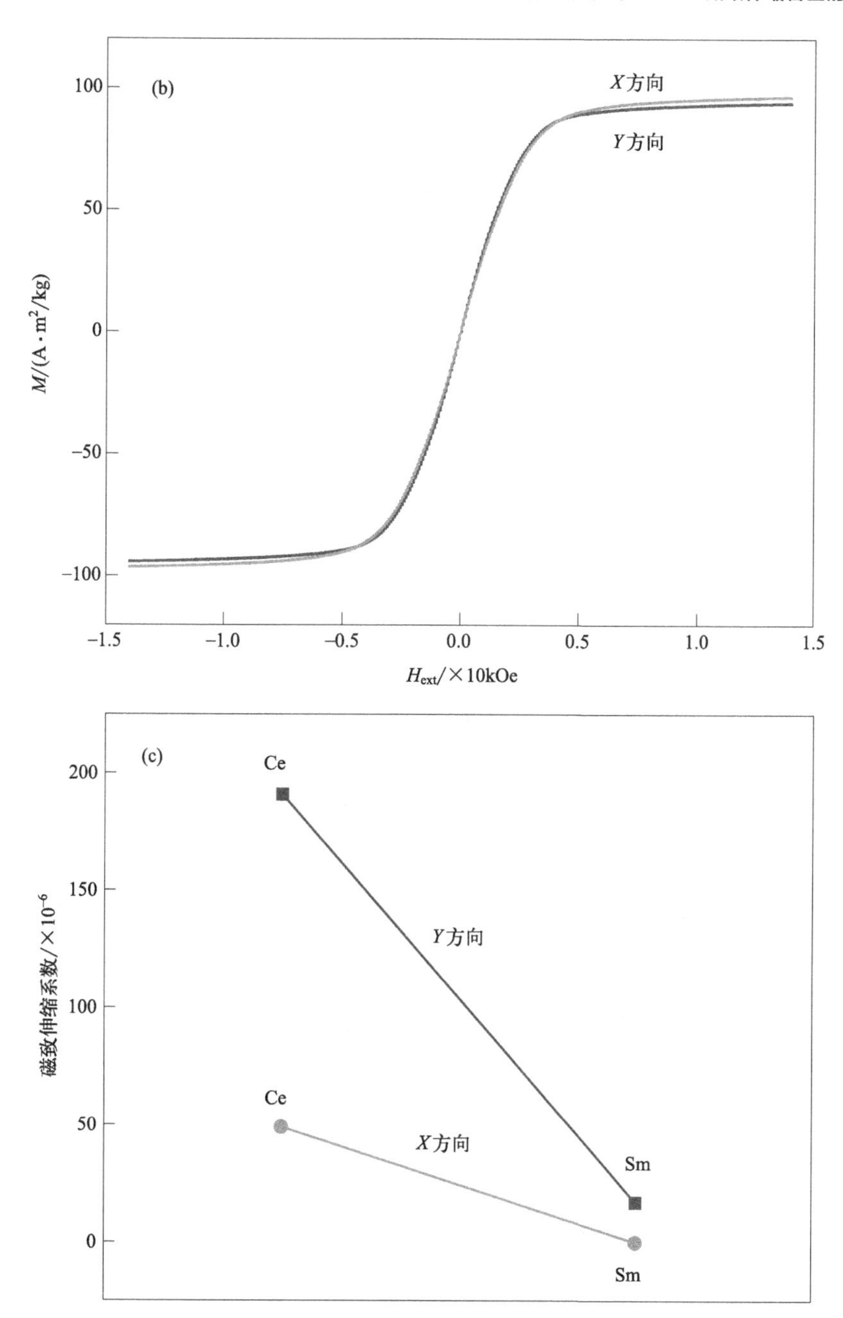

图 4-18 $Fe_{83}Ga_{17}R_{0.04}$（R=Ce，Sm）样品沿 Y 和 X 方向的磁滞回线［(a) $Fe_{83}Ga_{17}Ce_{0.04}$；(b) $Fe_{83}Ga_{17}Sm_{0.04}$］及 $Fe_{83}Ga_{17}R_{0.04}$（R=Ce，Sm）样品沿不同方向的饱和磁致伸缩（c）

由本部分研究发现，对于 $x=0.04$ 样品，Ce 元素掺杂会促进 Fe-Ga 样品中（001）取向的柱状晶形成，从而导致较大的磁致伸缩系数。而对于 $x=0.2$ 的样品，Sm 和 Y 元素会促进（001）取向的柱状晶形成，从而导致较大的磁致伸缩系数。富稀土第二相与基体相离异生长，促使稀土元素聚集在富稀土第二相中，形成过冷区。而过冷区的宽度（ΔY）将影响晶粒的形貌，ΔY 的增加将促使柱状晶的形成。ΔY 可以通过固液界面前端的液相实际温度场的温度梯度（G_L）来计算，它与富含稀土的第二相的成分高度相关。对于 Ce 掺杂 Fe-Ga 铸态合金，微量掺杂（$x=0.04$）可以促进 ΔY 增加。但是，对于 Sm 和 Y 掺杂 Fe-Ga 铸态合金，大量掺杂（$x=0.2$）可以促进 ΔY 的增加。对于 Ce，Sm 和 Y 稀土元素，大量的稀土掺杂将有助于 Fe-Ga 合金中形成（001）取向的织构。在 $Fe_{83}Ga_{17}Ce_{0.04}$ 样品中，稀土掺杂会导致织构的形成，并且织构的取向是沿着热流方向（在本章中为 Y 方向）。沿着织构方向，样品磁致伸缩系数将增加。

4.2.3 小剂量 La，Pr 和 Nd 掺杂 Fe-Ga 合金的结构和磁性能

研究发现，La，Pr，Nd 元素掺杂 Fe-Ga 时，这些元素进入 Fe-Ga 主相晶格之中较多。因此，本部分将这三种元素放到一起进行对比研究。

图 4-19 是 $Fe_{83}Ga_{17}R_x$（R=La，Pr，Nd；$x=0$，0.04，0.2）铸态合金的 X 射线衍射图谱。由图 4-19 可见，所有样品均由单一 A2 相组成。

图 4-20 示出 $Fe_{83}Ga_{17}R_x$（R=La，Pr，Nd；$x=0.04$，0.2）合金样品的晶格常数（a）和（200）衍射峰的半峰宽（FWHM）。从图 4-20 可以看出，稀土元素掺杂导致 Fe-Ga 合金中的晶格常数增加。可能是稀土掺杂物溶解在 A2 晶格中，导致晶格扩大，使得样品的晶格常数增加。同时发现 $Fe_{83}Ga_{17}R_x$（R=La，Pr，Nd；$x=0.04$，0.2）合金中的晶格常数变化趋势并不一致，这可能是样品中柱状晶的形成以及 A2 晶格中 Ga 元素和稀土元素含量的变化共同引起。此外，稀土掺杂还导致 Fe-Ga 合金中（200）衍射峰的半峰宽（FWHM）增加。晶格常数的增加意味着稀土元素掺杂进入 Fe-Ga 合金晶格而使其扩大，半峰宽（FWHM）增加意味着存在原子间应力。

图 4-21 和表 4-4 分别是 $Fe_{83}Ga_{17}R_x$（R=La，Pr，Nd；$x=0$，0.04，0.2）铸态合金的 SEM 照片和 EDS 结果。

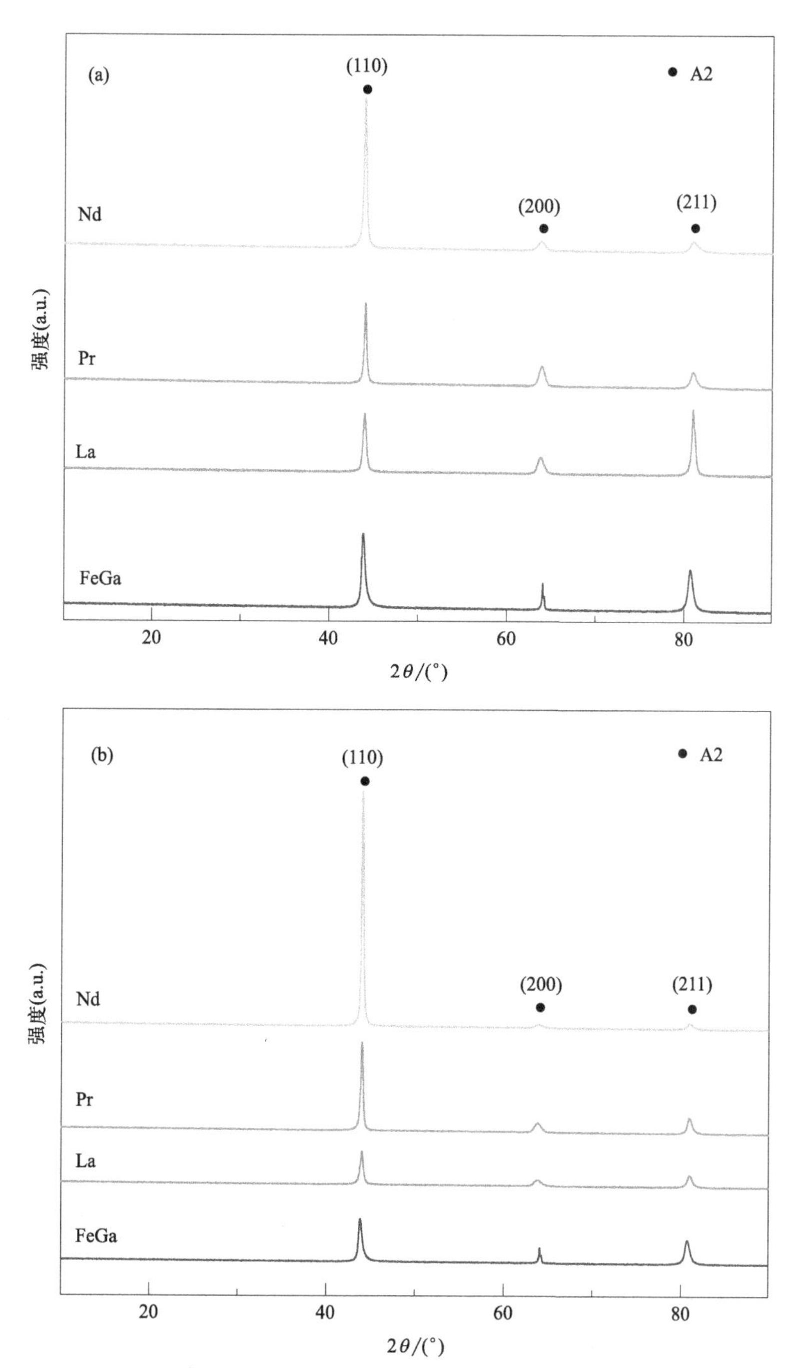

图 4-19　$Fe_{83}Ga_{17}R_x$（R=La，Pr，Nd；x=0，0.04，0.2）铸态合金的 X 射线衍射图谱

（a）x=0，0.04 合金；（b）x=0，0.2 合金

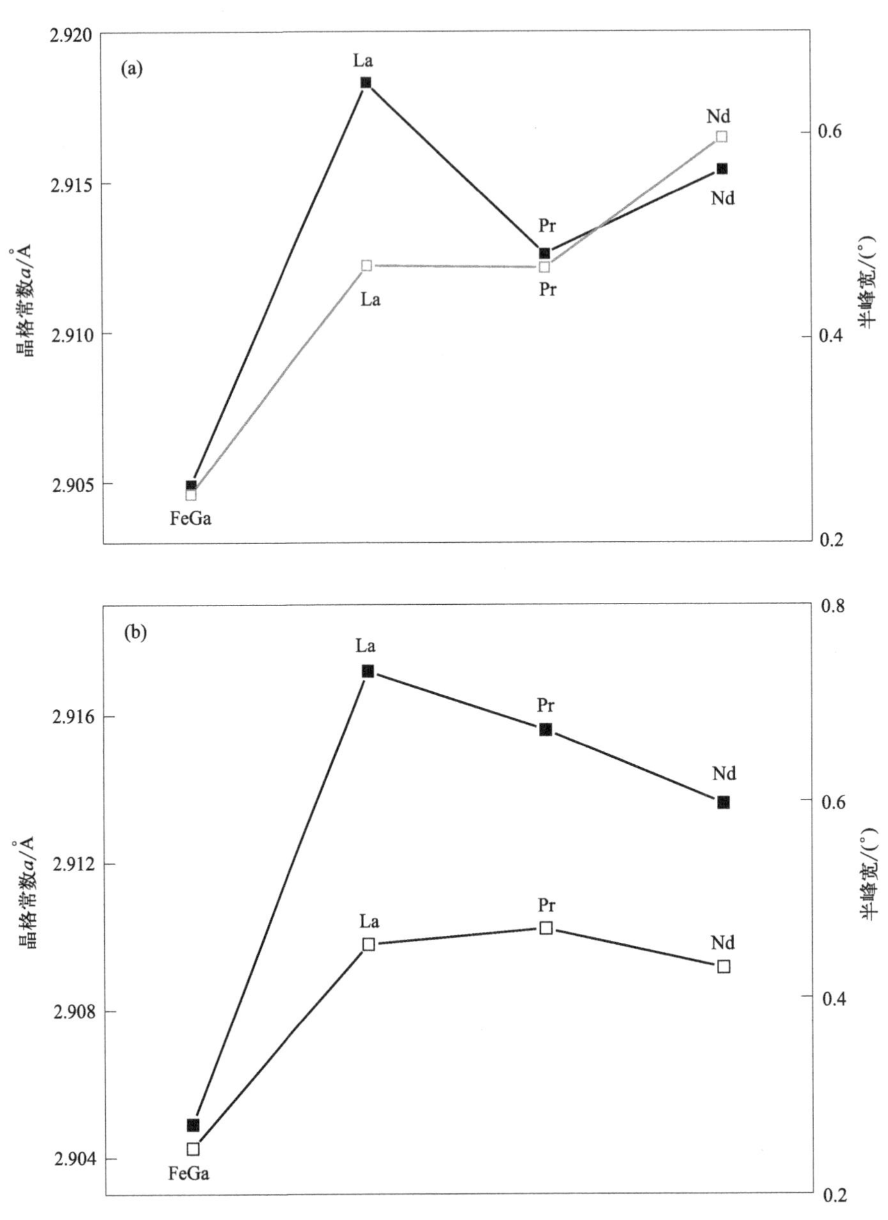

图 4-20 $Fe_{83}Ga_{17}R_x$(R=La，Pr，Nd；x=0.04，0.2) 合金样品的晶格常数（实心符号）和（200）衍射峰的半峰宽（空心符号）

(a) x=0.04%；(b) x=0.2%

同前面 $Fe_{83}Ga_{17}R_x$（R=Ce，Sm，Y；x=0.04，0.2）合金的 SEM 分析一致，$Fe_{83}Ga_{17}$ 合金由单一的 A2 相组成。而稀土掺杂 Fe-Ga 合金均是由 A2 相和富稀土第二相组成。但是，对比 $Fe_{83}Ga_{17}R_x$（R=Ce，Sm，Y；x=0.04，0.2）合金和 $Fe_{83}Ga_{17}R_x$（R=La，Pr，Nd；x=0.04，0.2）合金的 EDS 结果发现，前者的 A2 相中几乎没有稀土元素进入，而后者有少量稀土元素进入 A2 晶格。由图 4-21 和表 4-4 还可见，对比不同含量的同种稀土掺杂合金发

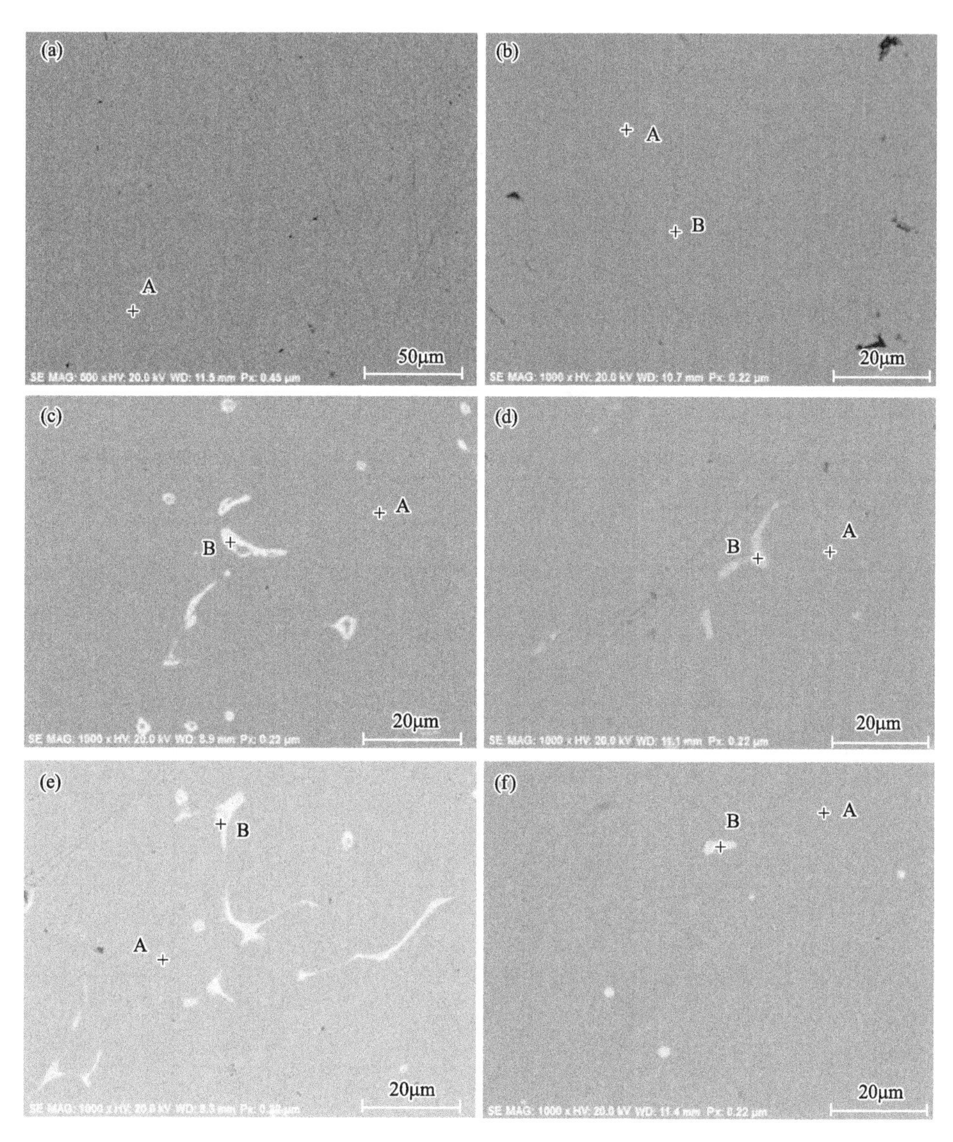

图 4-21

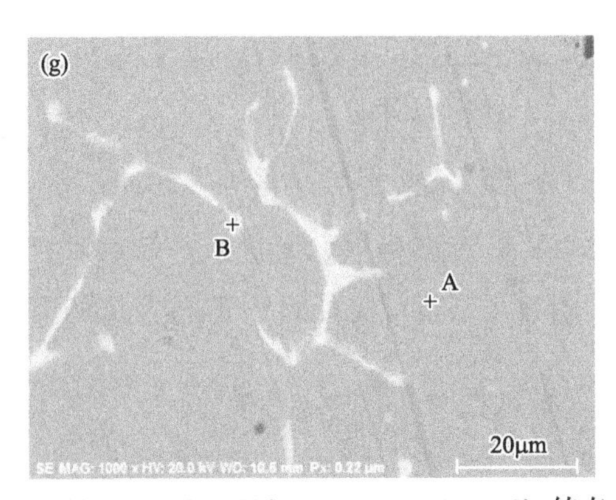

图 4-21 $Fe_{83}Ga_{17}R_x$ (R=La, Pr, Nd; x=0, 0.04, 0.2) 铸态合金的 SEM 照片

(a) $Fe_{83}Ga_{17}$; (b) $Fe_{83}Ga_{17}La_{0.04}$; (c) $Fe_{83}Ga_{17}La_{0.2}$; (d) $Fe_{83}Ga_{17}Pr_{0.04}$;
(e) $Fe_{83}Ga_{17}Pr_{0.2}$; (f) $Fe_{83}Ga_{17}Nd_{0.04}$; (g) $Fe_{83}Ga_{17}Nd_{0.2}$

现，稀土掺杂含量 x 越大，合金基体相中稀土元素的含量越少。这是由于稀土元素在 A2 晶格中的固溶度有限。稀土掺杂含量 x 越大，从 A2 晶格中析出的稀土元素越多，析出的稀土元素又形成了富稀土第二相。

表 4-4 $Fe_{83}Ga_{17}R_x$ (R=La, Pr, Nd; x=0, 0.04, 0.2) 铸态合金的 EDS 结果

组分 (x)	掺杂元素 (R)	标记	原子分数/%		
			Fe	Ga	N
x=0	—	A	83.69	16.31	—
x=0.04	La	A	86.15	13.77	0.08
		B	71.01	10.59	18.40
	Pr	A	84.70	15.26	0.04
		B	45.46	38.16	16.38
	Nd	A	83.56	16.21	0.23
		B	47.90	37.98	14.12
x=0.2	La	A	84.83	15.17	0
		B	44.77	39.79	15.44
	Pr	A	85.40	14.57	0.02
		B	55.12	32.58	12.30
	Nd	A	84.74	15.08	0.19
		B	58.30	30.40	11.30

前面分析表明，$Fe_{83}Ga_{17}R_x$（R＝La，Pr，Nd；x＝0，0.04，0.2）铸态合金的 A2 相晶格中有少量稀土元素进入。这类似于稀土掺杂 Fe-Ga 快淬态合金的情形，稀土掺杂导致大的磁致伸缩性能源于稀土元素引起 A2 晶格发生畸变。因此，推测 $Fe_{83}Ga_{17}R_x$（R＝La，Pr，Nd；x＝0，0.04，0.2）铸态合金磁致伸缩性能的变化主要与合金中 A2 晶格畸变有关，所以在这里有必要分析磁致伸缩系数与合金 A2 晶格的晶格畸变关系。一般，可以用残余应变来表征 A2 晶格的晶格畸变，残余应变的计算公式为：

$$\varepsilon=\frac{a-a_0}{a_0} \tag{4-2}$$

式中，a，a_0 分别是掺杂、未掺杂稀土 Fe-Ga 铸态合金中 A2 结构的晶格常数。

图 4-22 示出 $Fe_{83}Ga_{17}R_x$（R＝La，Pr，Nd；x＝0，0.04，0.2）铸态合金的磁致伸缩系数和残余应变（ε）。由图 4-22 可见，所有合金样品的磁致伸缩系数的变化趋势与其残余应变的变化趋势几乎是一致的。残余应变越大，表明合金中 A2 晶格畸变越严重，磁致伸缩性能越好。此外，通过对比图 4-22(a)～(d) 可以看出，同一合金样品在不同方向（X 方向或 Y 方向）的磁致伸缩系数与残余应力的变化趋势也几乎是一致的。但是，与 Y 方向上的磁致伸缩系数相比，所有合金样品在 X 方向上的磁致伸缩系数有不同程度的减小，这与上文所述的样品在 Y 方向上形成的柱状晶有关。因此，推测 La，Pr，Nd 掺杂的 Fe-Ga 铸态合金，沿着 Y 方向上形成的柱状晶会有利于样品的磁致伸缩系数，但是合金样品磁致伸缩系数的变化趋势主要是由稀土元素溶入 A2 晶格中 A2 晶格膨胀，所引起的残余应变或晶格畸变所决定的。

总体来看，对于 Ce，Sm 和 Y 掺杂的 Fe-Ga 铸态合金，这些稀土元素没有进入 A2 主相晶格中的样品，富稀土第二相与基体相离异生长，促使稀土元素聚集在富稀土第二相中，形成过冷区。而过冷区的宽度（ΔY）将影响晶粒的形貌，ΔY 的增加将促使柱状晶的形成。ΔY 可以通过固液界面前端的液相实际温度场的温度梯度（G_L）来计算，它与富含稀土的第二相的成分高度相关。对于 Ce 掺杂 Fe-Ga 铸态合金，微量掺杂（x＝0.04）可以促进 ΔY 的增加。但是，对于 Sm 和 Y 掺杂 Fe-Ga 铸态合金，大量掺杂（x＝0.2）可以促进 ΔY 的增加。而 ΔY 的增加有助于（001）取向的柱状晶的形成，这会使得

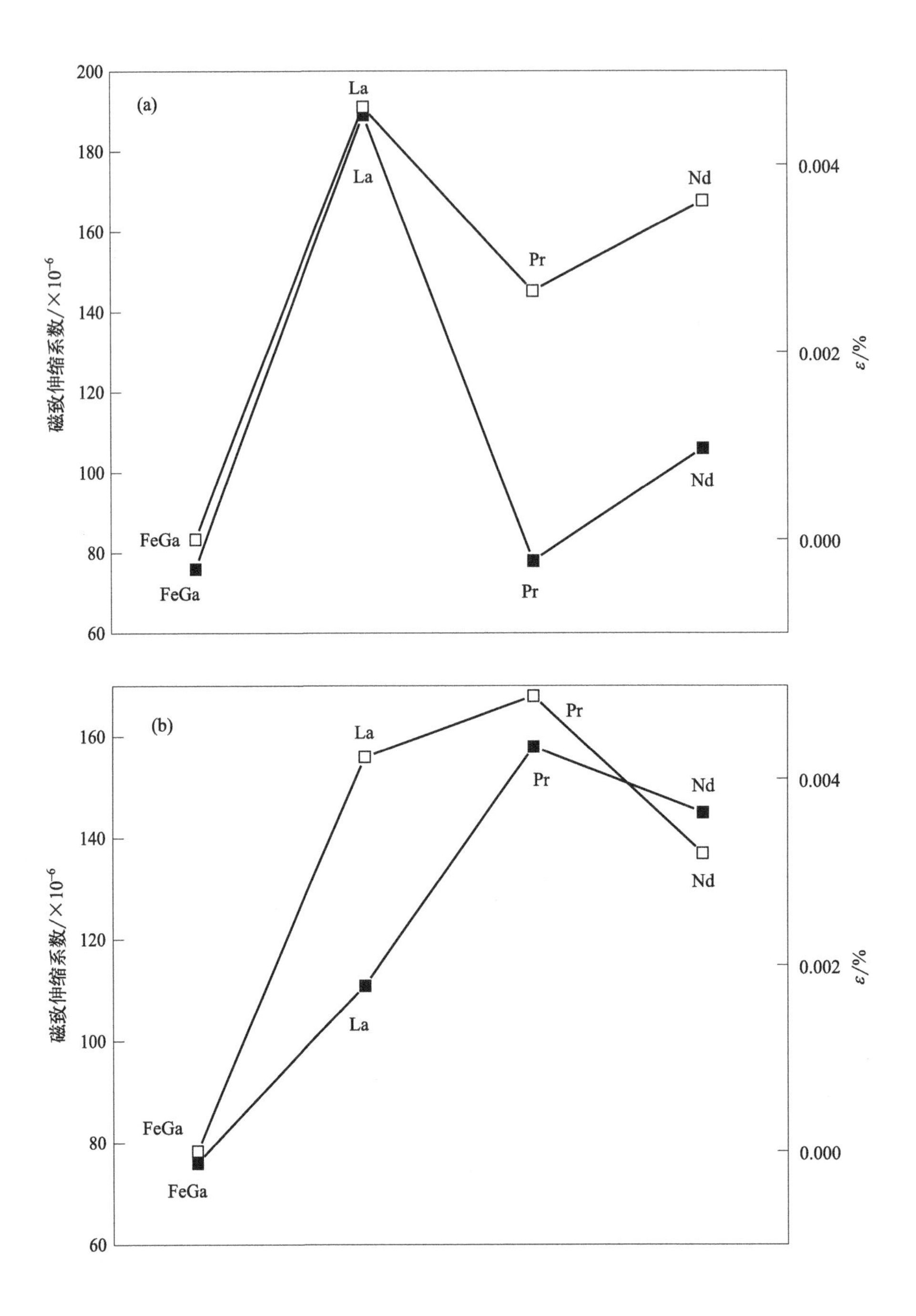
(a)
200
180
160
140
120
100
80
60
磁致伸缩系数/×10⁻⁶
ε/%
0.004
0.002
0.000
La
La
Nd
Pr
Nd
FeGa
FeGa
Pr
(b)
160
140
120
100
80
60
磁致伸缩系数/×10⁻⁶
ε/%
0.004
0.002
0.000
La
Pr
Pr
Nd
Nd
La
FeGa
FeGa

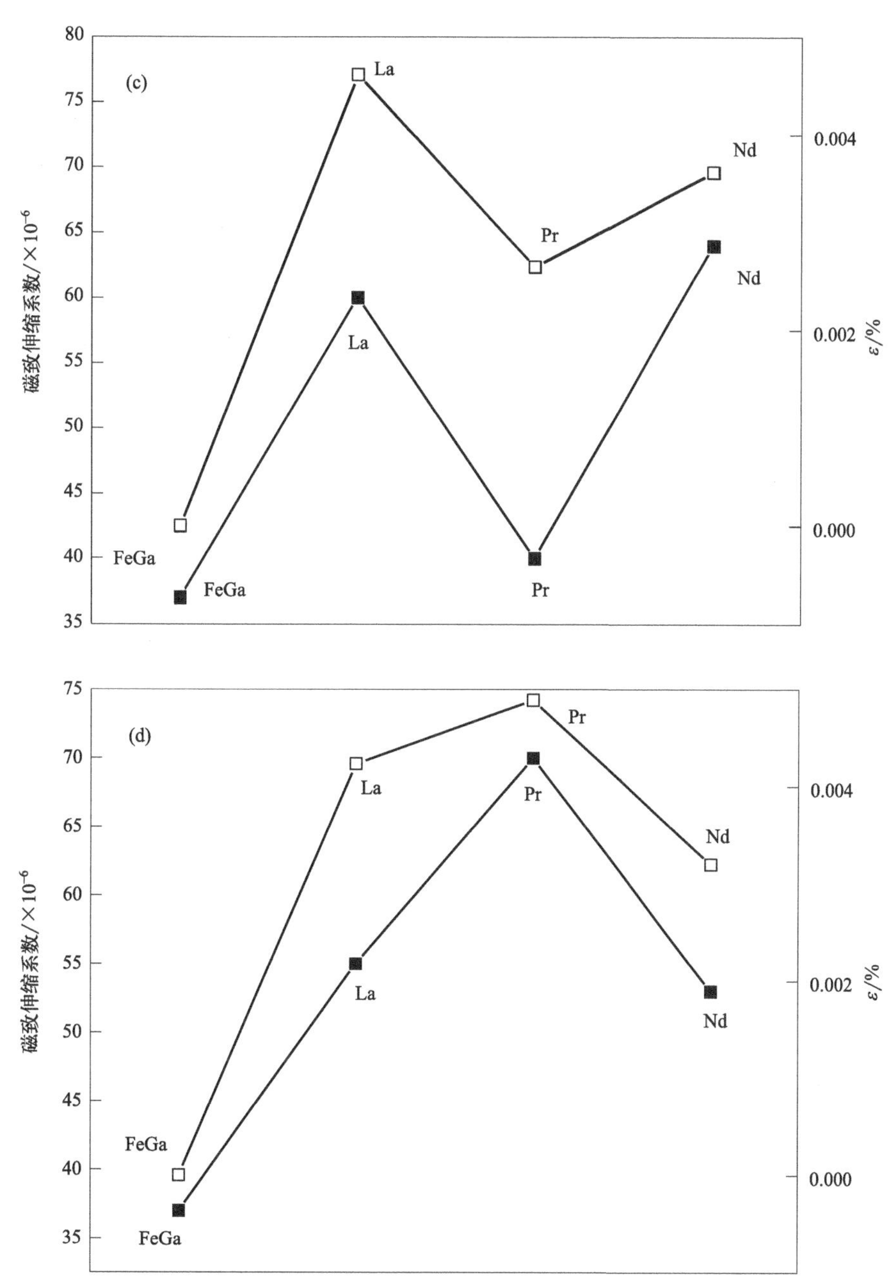

图 4-22　$Fe_{83}Ga_{17}R_x$（R=La，Pr，Nd；x=0，0.04，0.2）铸态合金的磁致伸缩系数（实心符号）和残余应变（空心符号）[（a）和（b）沿 Y 方向测量，（c）和（d）沿 X 方向测量]

（a）x=0，0.04；（b）x=0，0.2；（c）x=0，0.04；（d）x=0，0.2

样品的磁致伸缩系数增加。

对于 La，Pr，Nd 掺杂的 Fe-Ga 铸态合金，这些稀土元素进入 A2 主相晶格中的样品，稀土元素溶入 A2 晶格中会引起晶格的残余应变，这与稀土掺杂元素溶入 A2 晶格中，A2 晶格产生的膨胀有关。沿着 Y 方向上形成的柱状晶会有利于样品的磁致伸缩系数，但是合金样品磁致伸缩系数的变化趋势主要是由稀土元素溶入 A2 晶格中 A2 晶格膨胀，所引起的残余应变或晶格畸变所决定的。

综上可以看出，对于稀土元素没有进入 A2 主相晶格中的稀土掺杂 Fe-Ga 铸态合金，其磁致伸缩性能的来源是样品内的（001）柱状晶，（001）柱状晶会极大改善样品的磁致伸缩性能。而对于稀土元素进入 A2 主相晶格中的稀土掺杂 Fe-Ga 铸态合金，其磁致伸缩性能的来源是稀土元素溶入 A2 晶格中 A2 晶格膨胀，所引起的残余应变或晶格畸变。在这些铸态样品中，柱状晶只会改善样品的磁致伸缩系数，并不起决定作用。

参考文献

[1] He Y K，Jiang C B，Wu W，et al. Giant heterogeneous magnetostriction in Fe-Ga alloys：Effect of trace element doping [J]. Acta Materialia，2016，109：177.

[2] He Y K，Ke X Q，Jiang C B，et al. Interaction of trace rare-earth dopants and nanoheterogeneities induces giant magnetostriction in Fe-Ga alloys [J]. Advanced Functional Materials，2018，28(20)：1800858.

[3] Wu W，Jiang C B. Improved magnetostriction of $Fe_{83}Ga_{17}$ ribbons doped with Sm [J]. Rare Metals，2017，36(1)：18.

[4] Meng C Z，Wang H，Wu Y Y，et al. Investigating enhanced mechanical properties in dual-phase Fe-Ga-Tb alloys [J]. Scientific Reports，2016，6(1)：34258.

[5] 姚占全，赵增祺，江丽萍，等. 稀土 Ce 添加对 $Fe_{83}Ga_{17}$ 合金微结构和磁致伸缩性能的影响 [J]. 金属学报，2013，49(1)：87.

[6] Jiang L P，Yang J D，Hao H B，et al. Giant enhancement in the magnetostrictive effect of FeGa alloys doped with low levels of terbium [J]. Applied Physics Letters，2013，102(22)：222409.

[7] Golovin I S，Balagurov A M，Palacheva V V，et al. Influence of Tb on structure and properties of Fe-19% Ga and Fe-27% Ga alloys [J]. Journal of Alloys and Com-

pounds，2017，707：51.

[8] Wu W，Liu J H，Jiang C B. Tb solid solution and enhanced magnetostriction in $Fe_{83}Ga_{17}$ alloys [J]. Journal of Alloys and Compounds，2015，622：379.

[9] Balagurov A M，Bobrikov I A，Golovin I S，et al. Stabilization of bcc-born phases in Fe-27Ga by adding Tb：Comparativein situ neutron diffraction study [J]. Materials Letters，2016，181：67.

[10] Meng C Z，Jiang C B. Magnetostriction of a $Fe_{83}Ga_{17}$ single crystal slightly doped with Tb [J]. Scripta Materialia，2016，114：9.

[11] Jin T Y，Wu W，Jiang C B. Improved magnetostriction of Dy-doped $Fe_{83}Ga_{17}$ melt-spun ribbons [J]. Scripta Materialia，2014，74：100.

[12] Jiang L P，Zhang G R，Yang J D，et al. Research on microstructure and magnetostriction of $Fe_{83}Ga_{17}Dy_x$ alloys [J]. Journal of Rare Earth，2010，28：409.

[13] Chikazumi S. Physics of Ferromagnetism [M]. New York：Oxford University Press，1997.

[14] Wu W，Liu J H，Jiang C B，et al. Giant magnetostriction in Tb-doped $Fe_{83}Ga_{17}$ melt-spun ribbons [J]. Applied Physics Letters，2013，103(26)：262403.

[15] Ikeda O，Kainuma R，Ohnuma I，et al. Phase equilibria and stability of ordered bcc phases in the Fe-rich portion of the Fe-Ga system [J]. Journal of Alloys and Compounds，2002，347(1-2)：198.

[16] Kawamiya N，Adachi K，Nakamura Y. Magnetic properties and mössabauer investigations of Fe-Ga alloys [J]. Journal of the Physical Society of Japan，1972，33(5)：1318.

[17] 龚沛，江丽萍，闫文俊，等 . Y 对铸态 $Fe_{81}Ga_{19}$ 合金组织结构及磁致伸缩性能的影响 [J]. 稀土，2016，37(2)：91.

[18] Li J H，Xiao X M，Yuan C，et al. Effect of yttrium on the mechanical and magnetostrictive properties of $Fe_{83}Ga_{17}$ alloy [J]. Journal of Rare Earths，2015，33(10)：1087.

[19] Golovin I S. Anelasticity of Fe-Ga based alloys [J]. Materials & Design，2015，88：577.

[20] Yao Z Q，Tian X，Jiang L P，et al. Influences of rare earth element Ce-doping and melt-spinning on microstructure and magnetostriction of $Fe_{83}Ga_{17}$ alloy [J]. Journal of Alloys and Compounds，2015，637：431.

[21] 祖方遒，陈文琳，李萌盛．材料成形基本原理 [M]. 北京：机械工业出版社，2016.

[22] 梁基谢夫 H П. 金属二元系相图手册 [M]. 北京：化学工业出版社，2009.

[23] 胡赓祥，蔡珣，戎咏华．材料科学基础 [M]. 上海：上海交通大学出版社，2010.

[24] Atulasimha J, Flatau A B. Experimental actuation and sensing behavior of single-crystal Iron-Gallium alloys [J]. Journal of Intelligent Material Systems and Stuctures, 2008, 19(12): 1371.

[25] Wu Y Y, Chen Y J, Meng C Z, et al. Multiscale influence of trace Tb addition on the magnetostriction and ductility of (100) oriented directionally solidified Fe-Ga crystals [J]. Physical Review Materials, 2019, 3: 033401.

[26] He Y K, Coey J M D, Schaefer R, et al. Determination of bulk domain structure and magnetization processes in bcc ferromagnetic alloys: Analysis of magnetostriction in $Fe_{83}Ga_{17}$ [J]. Physical Review Materials, 2018, 2: 014412.

[27] Clark A E, Wun-Fogle M, Restorff J B, et al. Temperature dependence of the magnetic anisotropy and magnetostriction of $Fe_{100-x}Ga_x$ ($x=8.6$, 16.6, 28.5) [J]. Journal of Applied Physics, 2005, 97(10): 10M316.

[28] Downing J R, Na S, Flatau A B. Compressive pre-stress effects on magnetostrictive behaviors of highly textured Galfenol and Alfenolthin sheets [J]. AIP Advances, 2017, 7(5): 056420.

[29] Coey J M D. Magnetism and Magnetic Materials [M]. Cambridge: Cambridge University Press, 2010.

第5章

稀土掺杂Fe-Al磁致伸缩材料

为了提高 Fe-Ga 合金的磁致伸缩系数人们已经掺杂了多种元素，包括主族元素、过渡族元素和稀土元素。但是，研究发现稀土元素的掺杂效果最好。而 Fe-Al 合金中，关于第三元素掺杂的报道很少，仅有小原子 B 和 C 被报道过。所以，本章通过人们对第三元素掺杂 Fe-Ga 合金的研究来对比研究 Fe-Al 合金。本章希望通过稀土元素掺杂来改善 Fe-Al 合金的磁致伸缩性能，并试图探索稀土元素掺杂引起 Fe-Al 合金大磁致伸缩的原因。具体研究内容如下：

首先，人们通过对 Fe-Ga 合金的研究，发现少量稀土元素掺杂能有效改善新型 Fe-Ga 合金的磁致伸缩性能。同时还发现所掺杂的稀土元素的磁晶各向异性越高，则掺杂效果越好。但该理论适用于 Fe-Ga 合金，并不知道是否同样适用于 Fe-Al 合金。所以，选取了磁晶各向异性较强的 Tb 元素和磁晶各向异性较弱的 La 元素分别掺杂于 Fe-Al 合金。对比研究了基础合金（$Fe_{81}Al_{19}$）和稀土掺杂合金（$Fe_{81}Al_{19}La_{0.1}$ 和 $Fe_{81}Al_{19}Tb_{0.1}$）的微结构与性能，寻求合金结构与性能的关系，从而确定出不同稀土元素掺杂对 Fe-Al 合金磁致伸缩性能的影响。

其次，通过研究发现，在 Fe-Al 合金中掺杂磁晶各向异性较强的 Tb 元素，其合金的磁致伸缩效果更好。所以制备 $Fe_{81}Al_{19}Tb_x$（x=0，0.05，0.10，0.20，0.30，0.40）系列铸态合金，细致地研究 Tb 元素掺杂量对 $Fe_{81}Al_{19}$ 合金结构和性能的影响，并探究稀土元素掺杂引起 Fe-Al 合金磁致伸缩性能变化的原因。

最后，由于稀土元素 Tb（$4f^8$）和 Dy（$4f^9$）拥有相似的 4f 电子层结构和相似的原子半径，而且 Tb 和 Dy 的 4f 轨道具有的强烈的各向异性，所以两者均具有高磁晶各向异性。所以，又选择了同样具有高磁晶各向异性的稀土元素 Dy 掺杂 Fe-Al 合金，研究铸态 $Fe_{81}Al_{19}Dy_x$（$x=0$，0.10，0.20，0.40，0.60）系列合金的微结构以及性能。试图寻找稀土元素掺杂引起 Fe-Al 合金的大磁致伸缩的机理。

5.1 稀土掺杂 Fe-Al 合金的制备及其结构与性能表征方法

以纯度分别为 99.5%的 Fe 和 99.9%的 Al、La、Tb 和 Dy 作原材料并按照比例配好料，合金熔炼均在真空非自耗电弧熔炼炉中进行。具体方法：首先将配好的原材料放于坩埚中，由于 Al、Tb 和 Dy 元素均易挥发，因此在放料时将易挥发的原料放于底部，将电解铁片放在最上面。在熔炼过程中，先用机械泵将腔体内的真空度降低至 0.1Pa，再利用分子泵将其真空度降低至 3×10^{-3}Pa，最后在腔体中充入氩气，如此反复洗气三次之后开始熔炼样品，其中起弧电流为 40A，熔炼电流为 120A。为了保证熔炼的合金成分均匀，每个合金样品均翻转重熔 3 次。利用同样的方法制备了各系列合金样品，包括 $Fe_{81}Al_{19}$、$Fe_{81}Al_{19}La_{0.1}$、$Fe_{81}Al_{19}Tb_{0.1}$ 铸态合金；$Fe_{81}Al_{19}Tb_x$（$x=0$，0.05，0.10，0.20，0.30，0.40）铸态合金；$Fe_{81}Al_{19}Dy_x$（$x=0$，0.10，0.20，0.40，0.60）铸态合金。以相同的方式切割不同的样品，并尽可能地从相同的位置切割。样品切割的具体过程如图 5-1 所示。

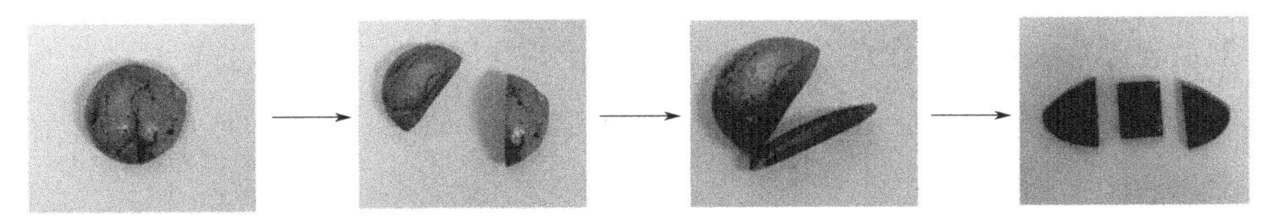

图 5-1　样品切割的具体过程

为得知 Fe-Al 二元合金的微观组织形貌，使用蔡司 Imager A1m 型金相显微镜（OM）来观察。首先在预磨机上将样品表面的氧化层打磨掉，随后利用抛光机进行抛光直到样品表面变为镜面，再用腐蚀液进行腐蚀。Fe-Al 合金的腐蚀液的配方为：96mL CH_3CH_2OH＋4mL HNO_3，腐蚀时间通常为 30s。随后将样品放在金相显微镜下观察，判断其合金的显微组织结构。采用荷兰帕纳科 Empyrean 射影系列 Cu 靶 Kα 射线的 X 射线衍射仪（XRD）分析合金样品的晶体结构。扫描方式为阶梯扫描，测量的角度为 20°～90°，扫描速度为 0.02(°)/s，测试的电压为 30kV，电流为 30mA，使用 Jade 6.5 软件分析计算 XRD 相关数据。采用 FEI Quanta 250 型场发射扫描电子显微镜观察样品微观结构。由于背散射电子成像的衬度主要与原子序数有关，且元素的原子序数越高，背散射电子发射系数越高，即在图像中的亮度越高。而稀土元素的原子序数比金属元素 Fe 和 Al 的原子序数高很多，所以利用入射电子轰击样品表面激发出来的背散射电子信号，来判断基体相和第二相的分布情况。随后，对所选取的代表性微区进行能谱测试，来分析不同相中的元素种类以及元素分布。

振动样品磁强计（VSM）是测量材料磁性的重要仪器之一，广泛应用于各种磁性材料的磁特性研究中。采用 Lake Shore 7407 型振动样品磁强计在常温下测量合金的磁滞回线，该仪器灵敏度高且室温下测量的最大磁场可达 3T。通过这种测试方法，可以得出饱和磁化强度、矫顽力、剩余磁化强度等重要参数。采用电阻应变法测量样品的磁致伸缩系数。该测量方法基于电阻丝的应变效应，将应变片粘贴在材料上，在外加磁场的作用下材料会伸长或缩短，此时应变片上的应变栅的长度也随之发生变化，从而引起应变栅电阻值的变化，根据该电阻值微小的变化率来算出样品的应变变化，即得磁致伸缩系数。

5.2 稀土 La、Tb 掺杂 Fe-Al 合金对比研究

Fe-Ga 和 Fe-Al 合金作为新型铁基二元磁致伸缩材料的代表，虽然具有低的驱动磁场、优异的力学性能、低廉的成本，但其铸态多晶合金的磁致伸缩系数都不够高，在实际应用中受限。因此，改善铸态多晶 Fe-Ga 或 Fe-Al 合金的磁致伸缩性能是目前该领域研究的重点。

原子自旋与轨道及晶体场的耦合作用是铁磁性物质产生磁致伸缩的根本原因[1]。因自旋-轨道相互耦合作用较强，且具有特殊的 4f 电子层，使得一些稀土元素具有很高的固有磁致伸缩系数，这引起磁学研究者的普遍关注。研究者将微量稀土元素 La[2]、Ce[3]、Pr[4]、Sm[5]、Y[6] 和 Dy[7] 掺杂到 Fe-Ga 合

金，发现掺杂后合金的磁致伸缩系数均出现了不同程度的提高，特别是，微量稀土元素 Tb 和 Dy 掺杂可以明显改善 Fe-Ga 合金的磁致伸缩性能。分析认为是 Tb 和 Dy 元素的 4f 电子云各向异性而导致元素本身具有高磁晶各向异性所致。He 等[8] 研究了不同种类的微量稀土元素对 Fe-Ga 合金磁致伸缩性能的影响，发现掺杂无 4f 电子也可以改善 Fe-Ga 合金磁致伸缩性能，但是其改善的幅度却没有掺杂 Ce 和 Pr 好。可见，微量稀土元素掺杂 Fe-Ga 合金，均能有效提高合金的磁致伸缩系数，同时高磁晶各向异性的稀土元素掺杂效果会更好。到目前，对稀土掺杂新型铁基二元磁致伸缩合金的研究多数都集中在 Fe-Ga 合金，对 Fe-Al 合金的研究却很少。

与 Fe-Ga 合金相比，Fe-Al 合金磁致伸缩系数略低，但是 Fe-Al 合金具有更好的延展性和力学性能，而且金属镓的价格大约是金属铝的 7.5 倍，从而使 Fe-Al 合金的成本远低于 Fe-Ga 合金[9,10]。此外，关于稀土元素掺杂 Fe-Al 磁致伸缩合金的研究也很少。基于此，本节选取了磁晶各向异性较强的 Tb 元素和磁晶各向异性较弱的 La 元素分别掺杂于 Fe-Al 合金。对比研究了基础合金（$Fe_{81}Al_{19}$）和稀土掺杂合金（$Fe_{81}Al_{19}La_{0.1}$ 和 $Fe_{81}Al_{19}Tb_{0.1}$）的微结构与性能，寻求合金结构与性能的关系，从而明确不同稀土元素掺杂对 Fe-Al 合金磁致伸缩性能的影响。

图 5-2 给出了 $Fe_{81}Al_{19}$、$Fe_{81}Al_{19}La_{0.1}$ 和 $Fe_{81}Al_{19}Tb_{0.1}$ 合金的背散射扫描照片。从图 5-2(a) 可以看出，$Fe_{81}Al_{19}$ 合金中只包含一种组织，扫描照片中的一些深黑色点状物，推断可能是合金在高温熔炼过程中析出的富 Ga 相。图片中晶粒的晶界不清晰。

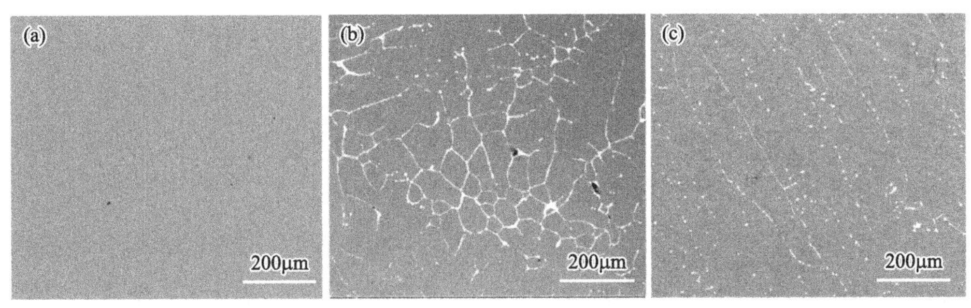

图 5-2　$Fe_{81}Al_{19}$、$Fe_{81}Al_{19}La_{0.1}$ 和 $Fe_{81}Al_{19}Tb_{0.1}$ 合金的背散射扫描照片

(a) $Fe_{81}Al_{19}$；(b) $Fe_{81}Al_{19}La_{0.1}$；(c) $Fe_{81}Al_{19}Tb_{0.1}$

为了能清晰地显示 $Fe_{81}Al_{19}$ 合金晶粒的晶界，图 5-3 给出了放大 200 倍 $Fe_{81}Al_{19}$ 合金的金相照片。可以看出，$Fe_{81}Al_{19}$ 合金有较大的等轴晶晶粒。从图 5-2(b) 和 (c) 可以看出，$Fe_{81}Al_{19}La_{0.1}$ 和 $Fe_{81}Al_{19}Tb_{0.1}$ 合金均由基体相（灰色）和衬度比基体亮许多的第二相（白亮色）组成，且白亮色的第二相主要分布在灰色基体相的晶界处。从晶粒的组织形貌上看，$Fe_{81}Al_{19}La_{0.1}$ 合金的晶粒更多趋向于等轴晶，而 $Fe_{81}Al_{19}Tb_{0.1}$ 合金的晶粒更多趋向于细长的柱状晶。同时发现，$Fe_{81}Al_{19}La_{0.1}$ 合金中析出的白亮色组织要明显多于 $Fe_{81}Al_{19}Tb_{0.1}$ 合金。

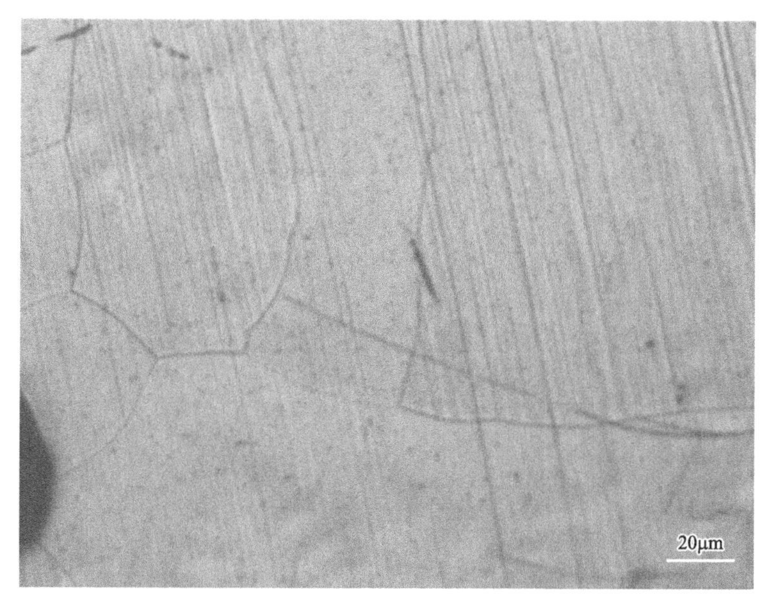

图 5-3　$Fe_{81}Al_{19}$ 合金放大 200 倍的金相照片

为进一步确定基体和第二相的化学成分，在放大倍数为 2000 的 $Fe_{81}Al_{19}La_{0.1}$ 和 $Fe_{81}Al_{19}Tb_{0.1}$ 合金组织中选取有代表性的微区进行能谱分析，具体见图 5-4，相应微区的化学成分分析结果列入表 5-1。

由表 5-1 可见，$Fe_{81}Al_{19}La_{0.1}$ 和 $Fe_{81}Al_{19}Tb_{0.1}$ 合金的基体组织成分主要是 Fe 和 Al，几乎没有稀土元素，也可能是由于溶入基体组织中的稀土元素太少，而没有被检测出来。此外，两种合金中，Fe 和 Al 原子的成分比均大于原配比（81 ∶ 19），表明基体中 Al 原子的原子分数小于原配比。而且 $Fe_{81}Al_{19}Tb_{0.1}$ 合金基体组织中的 Al 原子分数（17.34%）要比 $Fe_{81}Al_{19}Tb_{0.1}$

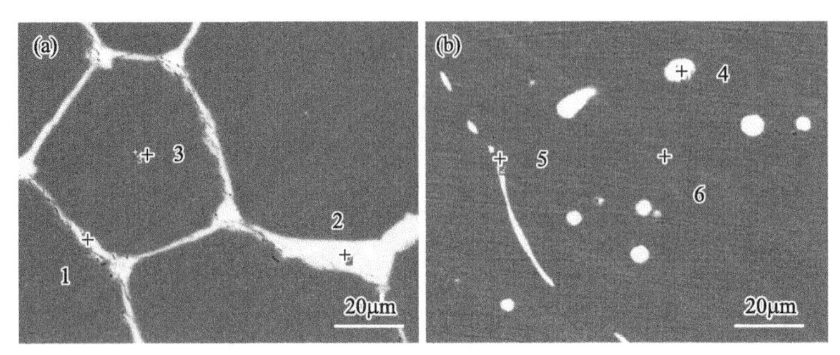

图 5-4 稀土掺杂 $Fe_{81}Al_{19}$ 合金背散射照片的微区

(a) $Fe_{81}Al_{19}La_{0.1}$；(b) $Fe_{81}Al_{19}Tb_{0.1}$

合金中的 Al 原子分数（18.10%）更小。$Fe_{81}Al_{19}La_{0.1}$ 和 $Fe_{81}Al_{19}Tb_{0.1}$ 合金的白亮组织成分分别由 Fe、Al 和相应的稀土元素 La 和 Tb 组成。可以推测，$Fe_{81}Al_{19}La_{0.1}$ 和 $Fe_{81}Al_{19}Tb_{0.1}$ 合金中的稀土元素主要以第二相（富稀土相）的形式析出，进入基体的很少。同时，稀土元素的析出，还从基体中带走了更多的 Al 原子。

表 5-1 $Fe_{81}Al_{19}La_{0.1}$ 和 $Fe_{81}Al_{19}Tb_{0.1}$ 合金各微区的化学成分分析结果

微区	$Fe_{81}Al_{19}La_{0.1}$			微区	$Fe_{81}Al_{19}Tb_{0.1}$		
	原子分数/%				原子分数/%		
	Fe	Al	La		Fe	Al	Tb
1	71.09	22.10	6.81	4	51.58	22.89	25.53
2	69.02	23.59	7.39	5	77.02	19.37	3.60
3	81.90	18.10	0	6	82.66	17.34	0

图 5-5 是 $Fe_{81}Al_{19}$、$Fe_{81}Al_{19}La_{0.1}$ 和 $Fe_{81}Al_{19}Tb_{0.1}$ 合金样品的 X 射线衍射谱。由图 5-5 可见，$Fe_{81}Al_{19}$ 合金的衍射谱中出现了三个明显的衍射峰，分别标定为（110)、(200）和（211）衍射峰，合金由无序的 A2 相组成，这与文献［11］的研究结果一致。$Fe_{81}Al_{19}La_{0.1}$ 和 $Fe_{81}Al_{19}Tb_{0.1}$ 合金样品的衍射谱中也出现了与 $Fe_{81}Al_{19}$ 合金对应的 3 个衍射峰，表明 $Fe_{81}Al_{19}La_{0.1}$ 和 $Fe_{81}Al_{19}Tb_{0.1}$ 合金也主要由无序 A2 相组成。仔细观察发现，在 $Fe_{81}Al_{19}La_{0.1}$ 和 $Fe_{81}Al_{19}Tb_{0.1}$ 合金衍射谱中没有发现稀土掺杂而导致的其他

新相衍射峰，可能是由于富稀土相的含量较少而在 XRD 中没有显示出来。但稀土掺杂导致合金（200）衍射峰的强度发生了明显的变化。

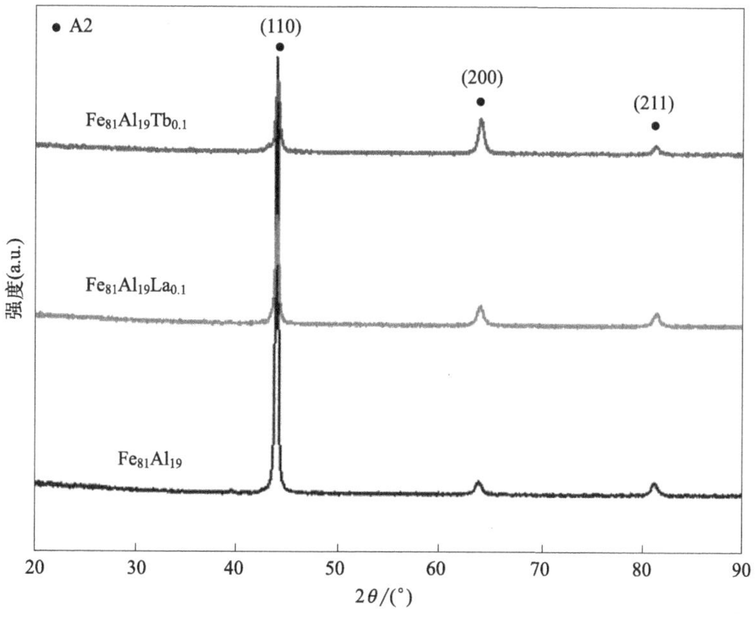

图 5-5 $Fe_{81}Al_{19}$、$Fe_{81}Al_{19}La_{0.1}$ 和 $Fe_{81}Al_{19}Tb_{0.1}$ 合金的 XRD 图谱

表 5-2 是 $Fe_{81}Al_{19}$、$Fe_{81}Al_{19}La_{0.1}$ 和 $Fe_{81}Al_{19}Tb_{0.1}$ 合金中 A2 相衍射峰的位置（2θ）、相对强度（I）以及晶格常数（a）。与 $Fe_{81}Al_{19}$ 合金衍射谱相比，$Fe_{81}Al_{19}La_{0.1}$ 和 $Fe_{81}Al_{19}Tb_{0.1}$ 合金的（110）衍射主峰位置都往高角度方向移动，可以推测合金的晶格常数减小。

表 5-2 合金样品中 A2 相衍射峰位置、相对强度及晶格常数

样品	(110)		(200)		a/nm
	2θ/(°)	I/%	2θ/(°)	I/%	
$Fe_{81}Al_{19}$	44.072	100	63.870	4.8	2.9069
$Fe_{81}Al_{19}La_{0.1}$	44.122	100	64.001	22.6	2.9031
$Fe_{81}Al_{19}Tb_{0.1}$	44.148	100	63.950	52.0	2.9017

正如表 5-2 所示，实际计算出的晶格常数确实也减小了。稀土元素 La 和 Tb 的掺杂没有导致 $Fe_{81}Al_{19}$ 合金晶格常数增大，反而使晶格常数减小，进一

步说明了可能只有很少的稀土元素进入基体 A2 相。结合稀土掺杂合金的微区成分分析可知，在稀土掺杂合金中，不仅稀土元素没有进入基体相，稀土元素在以第二相的形式析出时，还从基体相中带走了部分 Al 原子，因而基体相中的 Fe 和 Al 原子比大于 81∶19。我们知道 Al 元素固溶于纯 Fe 时会引起晶格膨胀[12]。相反，如果纯 Fe 中固溶的 Al 原子减少，将会导致合金的 A2 相晶格常数减小。同时，表 5-2 显示，$Fe_{81}Al_{19}Tb_{0.1}$ 合金中的 A2 相的晶格常数明显小于 $Fe_{81}Al_{19}La_{0.1}$ 合金，这与 $Fe_{81}Al_{19}Tb_{0.1}$ 合金中基体相 Al 原子分数小于 $Fe_{81}Al_{19}La_{0.1}$ 相一致（具体见表 5-1）。

由图 5-5 和表 5-2 还可知，所有合金样品均以（110）衍射峰为主峰。与 $Fe_{81}Al_{19}$ 相比，$Fe_{81}Al_{19}La_{0.1}$ 和 $Fe_{81}Al_{19}Tb_{0.1}$ 合金的（200）衍射峰的相对强度明显增强，其中 $Fe_{81}Al_{19}Tb_{0.1}$ 合金（200）衍射峰的相对强度最强。可见，稀土 La 和 Tb 的掺杂使 $Fe_{81}Al_{19}$ 合金沿（100）晶向择优取向，且 $Fe_{81}Al_{19}Tb_{0.1}$ 合金更加明显。可见，$Fe_{81}Al_{19}Tb_{0.1}$ 合金中的柱状晶粒是沿（100）取向的，这与文献［13］相一致。

图 5-6 是在室温条件下测得的 $Fe_{81}Al_{19}$、$Fe_{81}Al_{19}La_{0.1}$ 和 $Fe_{81}Al_{19}Tb_{0.1}$ 合金的磁滞回线，相应的磁化性能列入表 5-3。磁体被磁化时需要磁化能，磁

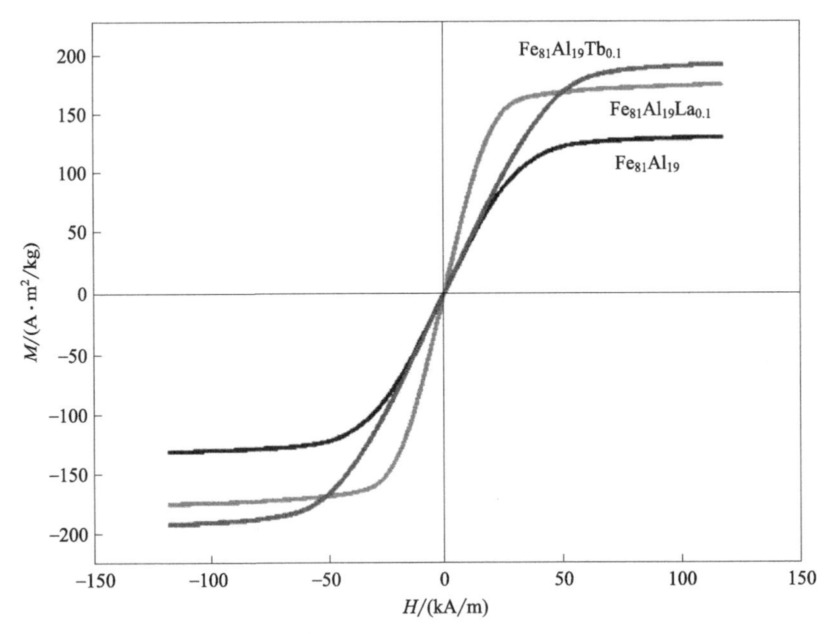

图 5-6　室温下 $Fe_{81}Al_{19}$、$Fe_{81}Al_{19}La_{0.1}$ 和 $Fe_{81}Al_{19}Tb_{0.1}$ 合金的磁滞回线

化能越大越难磁化，而磁化能越小越容易磁化。磁化能的大小可以从磁化功的大小来度量。磁化功可由磁化曲线（M-H 曲线）与 M 轴之间所包围的面积来计算，即

$$W=\int_0^M H\,\mathrm{d}M \tag{5-1}$$

式中，W 为磁化功，$\mathrm{kJ/m^3}$；M 为磁化强度，$\mathrm{A\cdot m^2/kg}$；H 为磁场大小，kA/m。

表5-3 $Fe_{81}Al_{19}$、$Fe_{81}Al_{19}La_{0.1}$ 和 $Fe_{81}Al_{19}Tb_{0.1}$ 合金的饱和磁化强度（M_s）、饱和磁场（H_s）和磁化功（W）

样品	$M_s/(\mathrm{A\cdot m^2/kg})$	$H_s/(\mathrm{kA/m})$	$W/(\mathrm{kJ/m^3})$
$Fe_{81}Al_{19}$	130	56	29.36
$Fe_{81}Al_{19}La_{0.1}$	173	45	33.04
$Fe_{81}Al_{19}Tb_{0.1}$	190	98	66.25

一般，磁化功越大，磁化能越大，磁晶各向异性常数越大，越难磁化。由图5-6和表5-3可见，与 $Fe_{81}Al_{19}$ 合金相比，$Fe_{81}Al_{19}La_{0.1}$ 和 $Fe_{81}Al_{19}Tb_{0.1}$ 合金的饱和磁化强度都有不同程度的增加，而且 $Fe_{81}Al_{19}Tb_{0.1}$ 合金的饱和磁化强度比 $Fe_{81}Al_{19}La_{0.1}$ 合金高。对比合金的磁化功发现，$Fe_{81}Al_{19}Tb_{0.1}>Fe_{81}Al_{19}La_{0.1}>Fe_{81}Al_{19}$。可见，稀土元素掺杂导致Fe-Al合金具有更大的磁晶各向异性，而且稀土Tb的掺杂效果更加明显。这与前面扫描照片和XRD分析结果认为，稀土Tb导致合金沿（100）择优取向的结果相一致。

图5-7是 $Fe_{81}Al_{19}$、$Fe_{81}Al_{19}Tb_{0.1}$ 和 $Fe_{81}Al_{19}La_{0.1}$ 合金的磁致伸缩系数与外加磁场的关系曲线。由图5-7可以看出，稀土掺杂 $Fe_{81}Al_{19}$ 合金的磁致伸缩系数均明显高于 $Fe_{81}Al_{19}$ 合金。此外，与 $Fe_{81}Al_{19}$ 合金相比，$Fe_{81}Al_{19}Tb_{0.1}$ 合金的磁致伸缩系数增大的幅度最大，其磁致伸缩系数约是 $Fe_{81}Al_{19}$ 合金的3.2倍，为 86×10^{-6}；$Fe_{81}Al_{19}La_{0.1}$ 合金的磁致伸缩系数增大的幅度要小一些，其磁致伸缩系数约是 $Fe_{81}Al_{19}$ 合金的1.4倍，为 37×10^{-6}。在对Fe-Ga合金的研究中也发现，掺杂稀土元素Tb后其合金的磁致伸缩系数增大的幅度要比掺杂La元素后增大的幅度大[8]。分析认为，尽管 $Fe_{81}Al_{19}Tb_{0.1}$ 和 $Fe_{81}Al_{19}La_{0.1}$ 合金中大部分稀土以析出相形式存在，但仍有极少部分的稀土

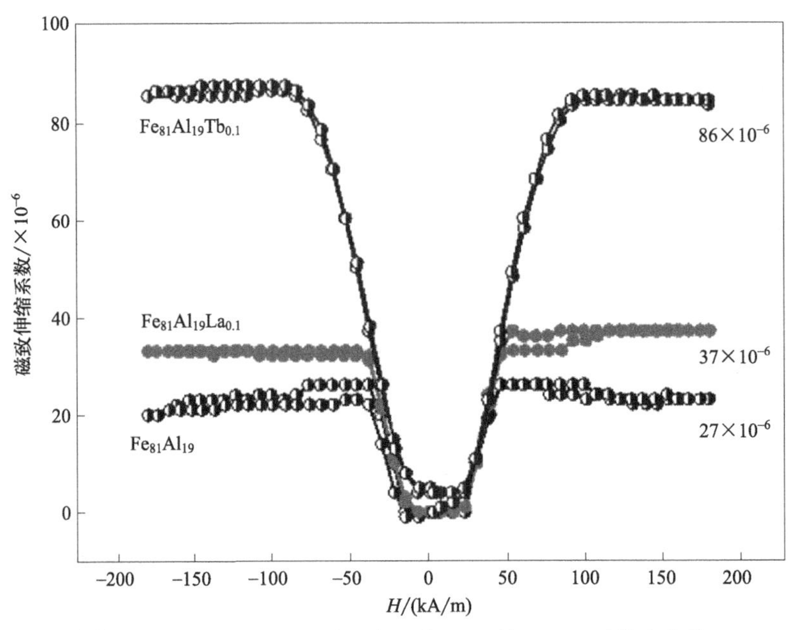

图 5-7　$Fe_{81}Al_{19}$、$Fe_{81}Al_{19}Tb_{0.1}$ 和 $Fe_{81}Al_{19}La_{0.1}$ 三种合金的磁致伸缩系数与外加磁场关系

元素能溶入 A2 相，正是这极少部分的稀土元素导致 A2 相沿（100）择优取向，晶体具有更大的磁晶各向异性，引起基体四方畸变的程度变大，从而导致稀土掺杂合金的磁致伸缩系数变大。从微观上来看，稀土元素掺杂进入 Fe-Al 磁体，就相当于异类原子掺杂进入合金晶体，使原子间的自旋与轨道耦合作用发生了变化。掺入的异类原子的各向异性能越大，晶体的各向异性常数也越大，产生的磁致伸缩会越大。所以，在 Fe-Al 中掺入磁晶各向异性较强的 Tb 元素要比掺入磁晶各向异性弱的 La 元素产生的磁致伸缩大。

通过研究发现，$Fe_{81}Al_{19}$ 合金由单一的 bcc 结构 A2 相组成，而 $Fe_{81}Al_{19}Tb_{0.1}$ 和 $Fe_{81}Al_{19}La_{0.1}$ 合金均由 bcc 结构的 A2 主相和少量富稀土相组成，且少量的富稀土相分布在基体 A2 相的晶界处。$Fe_{81}Al_{19}La_{0.1}$ 合金的 A2 相晶粒趋向于等轴晶，而 $Fe_{81}Al_{19}Tb_{0.1}$ 合金趋向于细长的柱状晶。稀土掺杂导致 $Fe_{81}Al_{19}$ 合金 A2 相沿（100）晶向择优取向，且 $Fe_{81}Al_{19}Tb_{0.1}$ 合金取向更加明显。通过对合金磁化功的计算发现，稀土元素掺杂导致 $Fe_{81}Al_{19}$ 合金具有更大的磁晶各向异性，而且掺杂稀土 Tb 的效果更加明显。稀土 La

和 Tb 的掺杂使 $Fe_{81}Al_{19}$ 合金的磁致伸缩系数都有明显增大，而且 $Fe_{81}Al_{19}Tb_{0.1}$ 合金的磁致伸缩系数增大的幅度最大。磁致伸缩系数的增大源于合金沿（100）晶向择优取向和稀土合金的高磁晶各向异性。

5.3 稀土 Tb 掺杂 Fe-Al 合金

近几十年，新型 Fe-Ga 磁致伸缩合金由于具有磁致伸缩性能适中、驱动磁场低、力学性能优异、成本低廉等优点被认为是潜在的磁致伸缩材料，有望成为新一代换能器、传感器和执行器的核心材料[14-20]。单晶 Fe-Ga 合金的饱和磁致伸缩系数可达到 400×10^{-6}[21,22]。然而，单晶 Fe-Ga 合金制备工艺要求高且成功率低，制备成本昂贵，严重限制了 Fe-Ga 合金的广泛应用。因此，研究者想到开发多晶 Fe-Ga 合金。但是，研究发现多晶 Fe-Ga 合金的磁致伸缩系数并不高，大约在 49×10^{-6}[23]。为改善多晶 Fe-Ga 合金的磁致伸缩性能，研究者在 Fe-Ga 合金中掺杂了小原子 C、B、N 等主族元素[24-26]，V、Cr、Mo、Mn、Co、Ni、Rh 等过渡族元素[27,28]，以及微量的 Tb[29-36]、Dy[7,37-40]、Ce[3,41]、Y[42-44]、Er[45]、Ho[46] 等稀土元素。结果发现，在改善 Fe-Ga 合金磁致伸缩性能方面，稀土元素掺杂是最有效的。同时，在以往的相关研究发现，采用稀土元素 Tb 掺杂的研究最多[47-51]，一方面是考虑到稀土元素 Tb 在巨磁致伸缩 TbDyFe 中发挥了非常好的作用[52,53]，另一方面是考虑到稀土元素 Tb 本身具有很强的磁晶各向异性[54]。可见，稀土元素 Tb 掺杂在改善 Fe-Ga 合金磁致伸缩性能方面是非常有效的。

最近几年，研究者对 Fe-Al 磁致伸缩合金的研究越来越重视[9,55,56]。在 Fe-Al 二元合金体系中，研究发现当铝浓度在 19%左右时，即 $Fe_{81}Al_{19}$ 合金具有较好的磁致伸缩性能，其单晶的磁致伸缩系数可达到 190×10^{-6}[57]，相应成分的铸态多晶 $Fe_{81}Al_{19}$ 的磁致伸缩系数为 44×10^{-6}[55]。为进一步改善 Fe-Al 合金的磁致伸缩性能，研究者也采用了元素掺杂。刚开始仅有 Reddy 等[58] 报道了小原子 C 元素掺杂，发现这种掺杂增加了 Fe-Al 合金的磁致伸缩性能。随后 Bormio-Nunes 等[9] 在该研究的基础上，在 Fe-Al 合金中掺杂了同样为小原子的 B 元素，发现其合金的磁致伸缩系数也得到了改善，为 78×10^{-6}。可见，小原子 C 元素和 B 元素掺杂对 Fe-Al 合金的磁致伸缩性能改善的幅度都比较小。

鉴于稀土元素，特别是 Tb 元素掺杂在 Fe-Ga 合金中发挥的重大作用，本节选用稀土元素 Tb 掺杂 Fe-Al 合金，具体研究 Tb 元素掺杂对 $Fe_{81}Al_{19}$ 合金结构和性能的影响，并探究稀土元素掺杂引起 Fe-Al 合金磁致伸缩性能变化的原因。

图 5-8 是 $Fe_{81}Al_{19}Tb_x$（x=0，0.05，0.10，0.20，0.30，0.40）合金样品的 X 射线衍射谱。由图 5-8 可见，该系列合金样品的衍射谱中均出现了三个明显的衍射峰。经过比对，发现分别是 bcc 结构 A2 相的（110）、（200）和（211）衍射峰。为了更加详细地分析，表 5-4 列出了 $Fe_{81}Al_{19}Tb_x$ 合金 X 射线衍射谱对应的衍射数据。

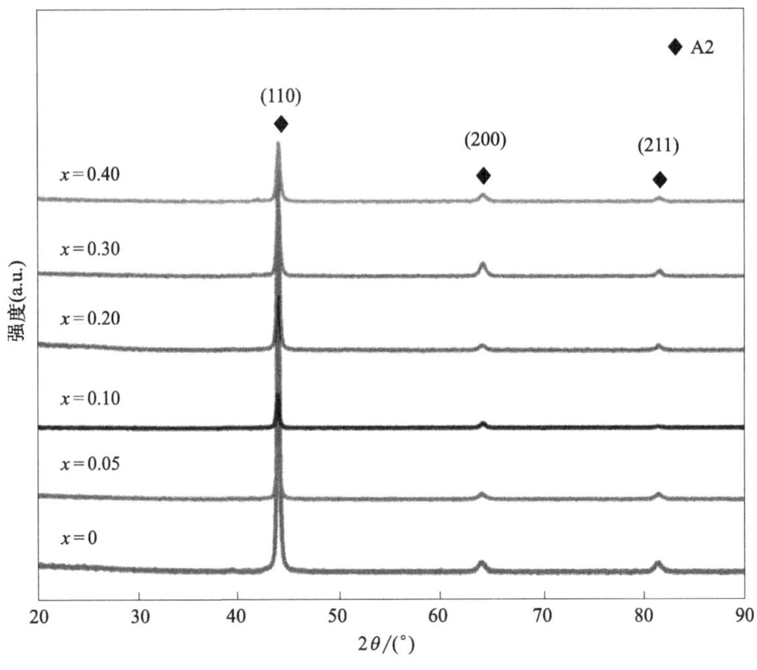

图 5-8　$Fe_{81}Al_{19}Tb_x$（x=0，0.05，0.10，0.20，0.30，0.40）合金样品的 X 射线衍射谱

表 5-4　$Fe_{81}Al_{19}Tb_x$ 合金中 A2 相（110）衍射峰的位置和 $I_{(200)}/I_{(110)}$（峰强比）

样品	2θ/(°)	$I_{(200)}/I_{(110)}$/%
$Fe_{81}Al_{19}$	44.063	5.9
$Fe_{81}Al_{19}Tb_{0.05}$	44.042	14.5

续表

样品	$2\theta/(°)$	$I_{(200)}/I_{(110)}/\%$
$Fe_{81}Al_{19}Tb_{0.1}$	44.034	19.2
$Fe_{81}Al_{19}Tb_{0.2}$	44.080	14.4
$Fe_{81}Al_{19}Tb_{0.3}$	44.088	24.3
$Fe_{81}Al_{19}Tb_{0.4}$	44.103	16.9

由图 5-8 和表 5-4 可以看出，与 $Fe_{81}Al_{19}$ 合金相比，$x=0.05$ 和 $x=0.10$ 样品的衍射峰位置均向低角度方向移动。而随着 Tb 含量的进一步增加（$x>0.10$），样品的衍射峰位置却向高角度移动，可以推测该系列合金的晶格常数是先增大后减小，当 $x=0.10$ 时，其晶格常数最大。同时还发现，与 $Fe_{81}Al_{19}$ 合金相比，稀土 Tb 掺杂合金的 $I_{(200)}/I_{(110)}$ 值均明显增大。这表明稀土 Tb 掺杂可引起（200）衍射峰的相对强度有不同程度的增加。这暗示了稀土 Tb 掺杂能使合金沿（100）晶向择优取向。而磁体磁化时也具有各向异性的特征，沿磁体的某些方向容易磁化，而另一些方向较难磁化。铁单晶的易磁化轴为（100）。人们对 Fe-Ga 单晶的研究发现，其单晶晶体中沿（100）方向的磁致伸缩系数为 200×10^{-6}，沿（110）方向的磁致伸缩系数仅为 100×10^{-6}[59,60]，即沿（100）晶向的磁致伸缩系数最大[61,62]。因此，研究者推测 Fe 基合金沿（100）晶向择优取向有利于提高其磁致伸缩性能。相似的分析在 Fe-Ga 合金的研究中也多次出现[3,59,60]。

图 5-9 是 $Fe_{81}Al_{19}Tb_x$ 系列合金的晶格常数随 Tb 含量的变化曲线。由图 5-9 可以看出，随着 Tb 含量的增加，$Fe_{81}Al_{19}Tb_x$ 合金的晶格常数先增大后减小，$x=0.10$ 时达到最大，这与前面的预测相一致。合金晶格常数的大小与 A2 相中 Al 元素和稀土 Tb 元素的密切相关。一般进入 A2 相中的 Al 元素和稀土 Tb 元素越多，合金的晶格常数越大。晶格常数越大，晶格膨胀越严重，引起的晶格畸变也就越大，越有利于提高合金的磁致伸缩系数[2,8,49]。由图 5-9 的晶格常数变化，可以推测出 $x=0.10$ 合金样品的晶格畸变最严重。

为进一步对 $Fe_{81}Al_{19}Tb_x$ 合金中的相和合金成分进行分析，对合金样品进行了扫描和能谱测试。图 5-10 是 $Fe_{81}Al_{19}Tb_x$（$x=0$，0.05，0.10，0.20，

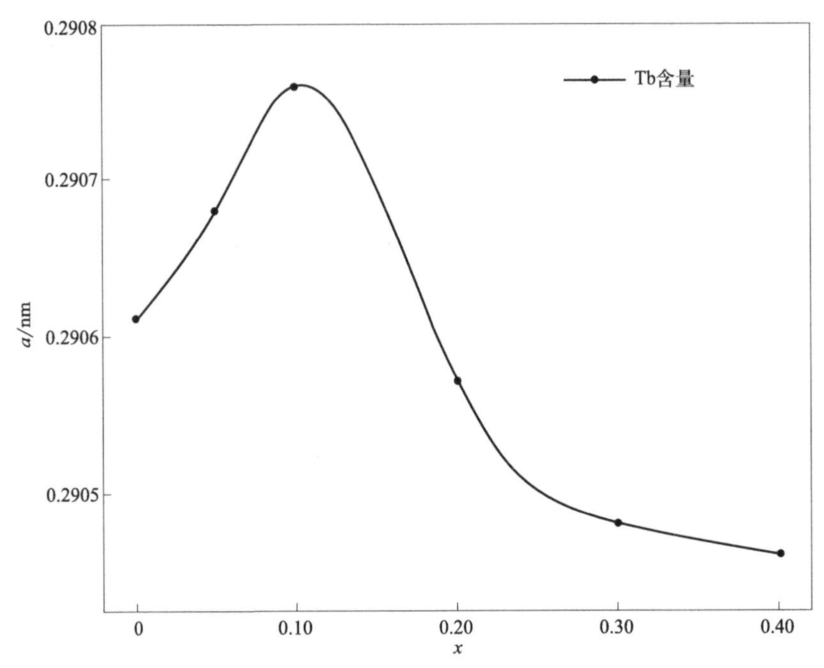

图 5-9　$Fe_{81}Al_{19}Tb_x$（x=0，0.05，0.1，0.2，0.3，0.4）系列合金的晶格常数随 Tb 含量的变化曲线

0.30，0.40）系列合金的背散射扫描照片。由图 5-10(a) 可以看出，$Fe_{81}Al_{19}$ 合金只包含一种灰黑色组织，扫描照片中晶粒的晶界不清晰。为了能清晰显示 $Fe_{81}Al_{19}$ 合金晶粒晶界，给出了放大 200 倍 $Fe_{81}Al_{19}$ 合金的金相照片（见图 5-3)。由图 5-3 可以看出，$Fe_{81}Al_{19}$ 合金晶粒晶界清晰，是较大的等轴晶晶粒。可见，$Fe_{81}Al_{19}$ 合金由单一的 bcc 结构的 A2 相组成，与 XRD 结果分析相一致。然而，当 $Fe_{81}Al_{19}$ 合金中掺杂稀土元素 Tb 后，合金中除了灰黑色的基体相外，均出现了衬度比基体相亮许多的第二相（白亮色），而且 Tb 含量越大，白亮色组织就越多。可见，稀土元素 Tb 掺杂 $Fe_{81}Al_{19}$ 合金由 A2 主相和第二相组成。该结果与前面 XRD 分析结果不一致，可能是由于第二相的体积分数太小，XRD 没有检测到。

为了进一步确定基体和第二相的化学成分，在放大倍数为 2000 的 $Fe_{81}Al_{19}Tb_x$（x=0.05，0.10，0.20，0.30，0.40）系列合金组织中选取有代表性的微区进行能谱分析，具体见图 5-11，相应微区的化学成分分析结果列入表 5-5。

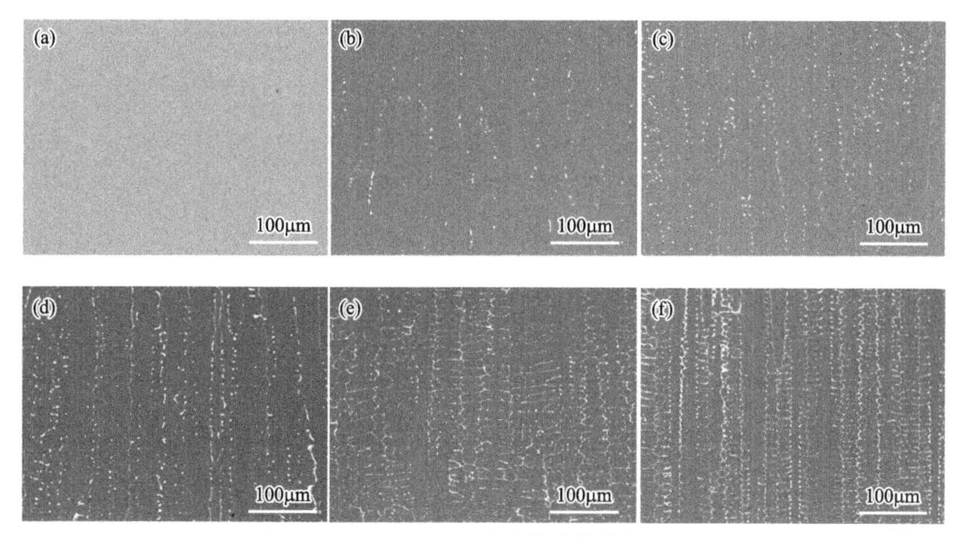

图 5-10 $Fe_{81}Al_{19}Tb_x$ 合金的背散射扫描照片

(a) $x=0$；(b) $x=0.05$；(c) $x=0.10$；(d) $x=0.20$；(e) $x=0.30$；(f) $x=0.40$

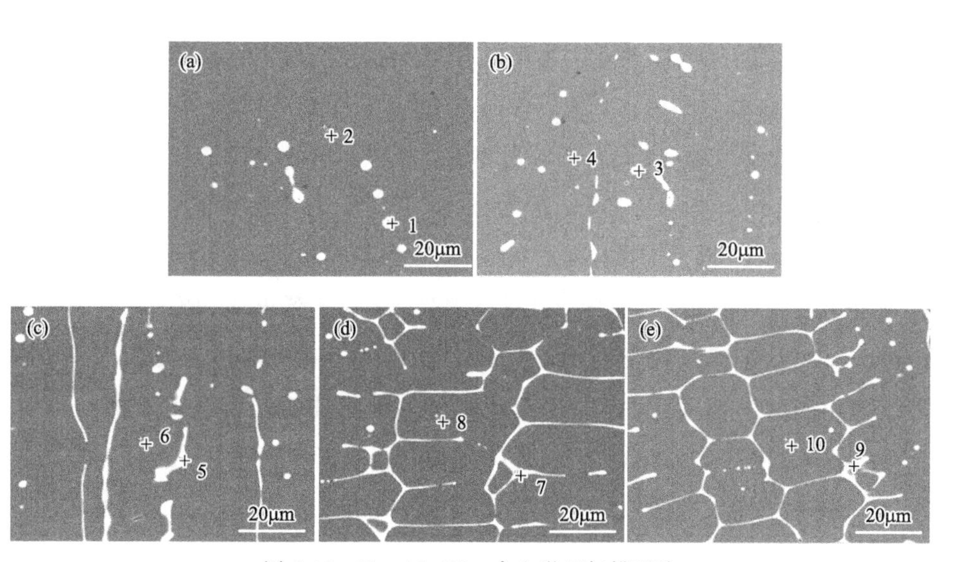

图 5-11 $Fe_{81}Al_{19}Tb_x$ 合金微区扫描照片

(a) $x=0.05$；(b) $x=0.10$；(c) $x=0.20$；(d) $x=0.30$；(e) $x=0.40$

表 5-5 $Fe_{81}Al_{19}Tb_x$ 合金各微区的化学成分分析结果

样品	微区	原子分数/%		
		Fe	Al	Tb
x=0.05	1	66.23	26.02	7.75
	2	79.58	20.38	0.04
x=0.10	3	67.40	24.50	8.09
	4	80.76	19.18	0.06
x=0.20	5	65.21	25.09	9.70
	6	80.52	19.48	0.00
x=0.30	7	65.60	24.41	9.99
	8	80.60	19.40	0.00
x=0.40	9	53.34	25.16	21.50
	10	81.23	18.77	0.00

由表 5-5 可知，$Fe_{81}Al_{19}Tb_x$（x=0.05，0.10，0.20，0.30，0.40）系列合金的灰黑色基体组织成分主要是 Fe 和 Al，且 Fe 和 Al 的原子比均大约接近 81∶19，稀土 Tb 的含量很小，甚至没有。可见，基体相是 Al 固溶于 Fe 形成的 A2 相。而合金中亮白色组织包含稀土 Tb、Al 和 Fe 三种元素。值得注意的是，合金中的稀土元素主要存在于白亮色组织中，形成富稀土 Tb 第二相。此外，与 x=0.05 合金样品相比，尽管 x=0.10 合金样品的 A2 相中 Al 原子分数小一点，但 A2 相中还含有少量的稀土 Tb 原子。我们知道，A2 相中含有的 Al 原子和稀土 Tb 原子均能导致其晶格膨胀，但由于稀土 Tb 原子的原子半径（177.3pm）远大于 Al 原子（143.1pm），所以 A2 相中晶格常数增大的主要原因是微量稀土 Tb 原子的进入，即正是少量的稀土 Tb 原子的进入导致x=0.10 合金样品 A2 相晶格常数大于 x=0.05 合金样品。所以，x=0.10 合金样品的 A2 相晶格常数最大。这种分析是与前面的结果相一致的。当 x>0.10 时，其合金的基体中没有检测到稀土元素，但随着 Tb 含量的增加，基体中 Al 原子分数越来越小。当过量的 Tb 在以第二相的形式析出时，从基体带走了更多的 Al 原子，从而导致了晶格常数的减小，这也与 XRD 的分析结果一致。

图 5-12 是室温条件下测得的 $Fe_{81}Al_{19}Tb_x$（x=0，0.05，0.10，0.20，

0.30，0.40）系列合金的磁滞回线，图 5-12 中的插图是部分放大的磁滞回线图。从图 5-12 可以得知，$Fe_{81}Al_{19}$ 合金的饱和磁化强度为 191A・m^2/kg。文献［58，63］所报道的 $Fe_{81}Al_{19}$ 合金的 M_s 为 189A・m^2/kg，与本书的研究结果基本一致。随着 Tb 含量的增加，该系列合金的饱和磁化强度先增大后减小，当 $x=0.10$ 时达到最大值。磁化强度是单位质量磁性体内具有的磁矩矢量和，而 $Fe_{81}Al_{19}Tb_x$ 合金的磁矩在很大程度上取决于 Fe 原子。所以，当 $x<0.10$ 时其合金的饱和磁化强度的增加应该与铁原子磁矩的增加有关，而 M_s 的降低是由于富稀土相的析出[64,65]。

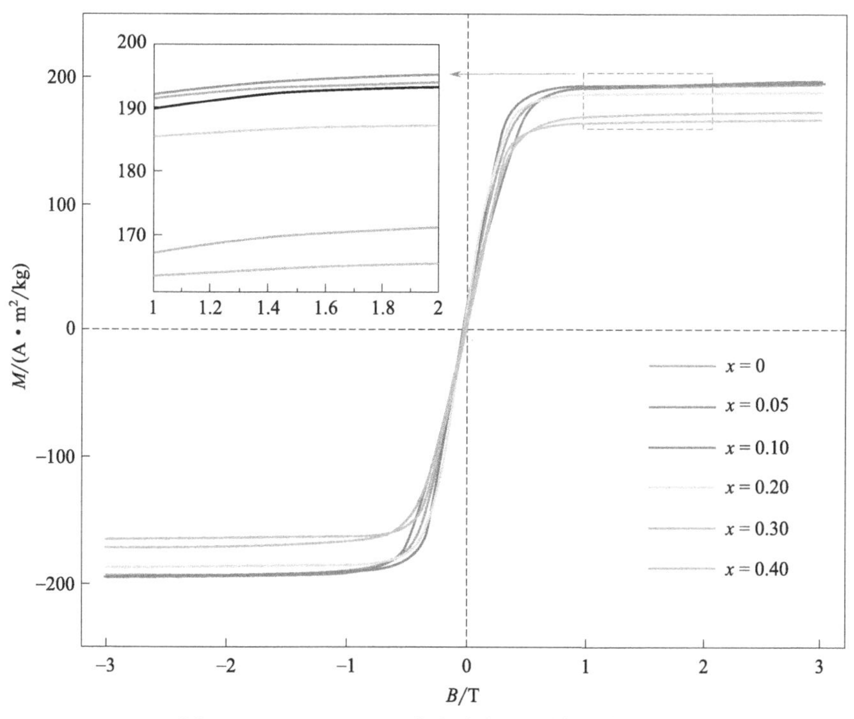

图 5-12 $Fe_{81}Al_{19}Tb_x$ 合金在室温下的磁滞回线

同时，选取 $Fe_{81}Al_{19}$ 和 $Fe_{81}Al_{19}Tb_{0.1}$ 合金的磁滞回线单独做了比较，如图 5-13 所示。通常，初始斜率越大，合金的磁晶各向异性越强[55]。由图可以看出，掺杂微量稀土元素 Tb 后的 $Fe_{81}Al_{19}Tb_{0.1}$ 合金，其磁晶各向异性明显增加。在 Fe-Ga 合金的研究中，发现在 $Fe_{83}Ga_{17}$ 中掺杂微量 Tb 后，合金的局部磁晶各向异性增强，从而使样品的磁致伸缩系数增大[66]。因此，这也是

引起 $Fe_{81}Al_{19}Tb_{0.1}$ 合金的大磁致伸缩系数的原因。

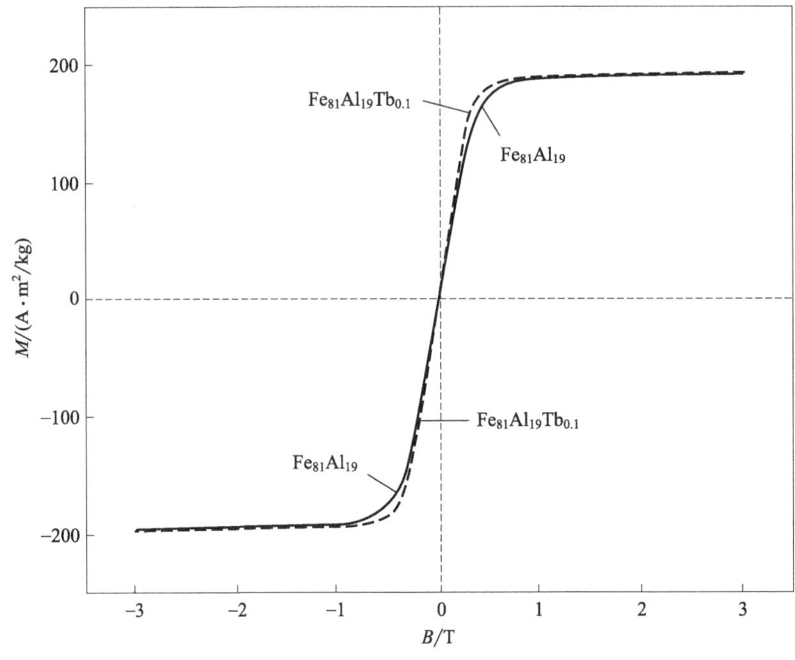

图 5-13　室温下 $Fe_{81}Al_{19}$ 和 $Fe_{81}Al_{19}Tb_{0.1}$ 合金的磁滞回线

图 5-14(a) 是 $Fe_{81}Al_{19}Tb_x$（x＝0，0.05，0.10，0.20，0.30，0.40）系列合金的磁致伸缩系数与外加磁场的关系曲线。图 5-14(b) 是该系列合金的磁致伸缩系数随 Tb 含量的变化曲线。由图 5-14 可以看出，稀土元素 Tb 掺杂合金的磁致伸缩系数均大于 $Fe_{81}Al_{19}$ 合金的磁致伸缩系数，可见，稀土元素 Tb 掺杂能有效改善 $Fe_{81}Al_{19}$ 合金的磁致伸缩性能。此外，随着稀土元素 Tb 掺杂量的增大，合金样品的磁致伸缩系数先增大后减小。当 x＝0.10 时，合金的磁致伸缩系数达到最大，为 146×10^{-6}，与铸态 $Fe_{81}Al_{19}$ 合金（27×10^{-6}）相比，增大了 441%。合金磁致伸缩系数的变化密切相关于以下几个方面。首先，晶格畸变是影响合金磁致伸缩性能的主要因素。对比图 5-9 和图 5-14(b) 发现，它们有非常相似的规律。微量 Tb 元素进入合金 A2 基体相，导致其晶格常数增加，引发晶格畸变，从而导致了磁致伸缩系数的增加，该机理在 Fe-Ga 合金中也有所体现[2,8,46]。其次，稀土元素掺杂导致合金沿(100) 晶向择优取向也是导致稀土掺杂合金磁致伸缩系数大于未掺杂合金的一

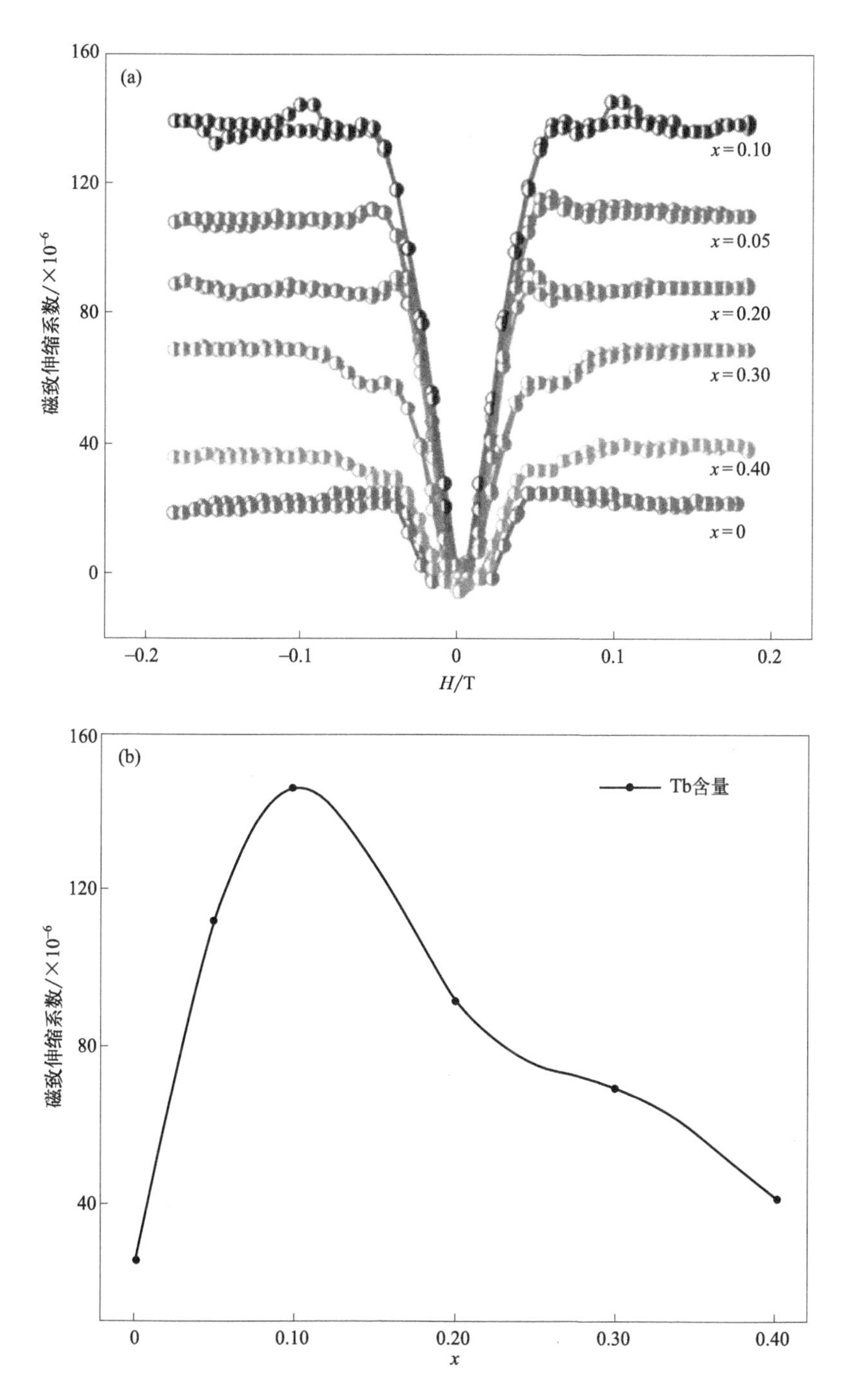

图 5-14　$Fe_{81}Al_{19}Tb_x$（x=0，0.05，0.10，0.20，0.30，0.40）合金样品的磁致伸缩系数与外加磁场的关系（a）及随 Tb 含量的变化（b）

个原因，与稀土掺杂 Fe-Ga 合金相一致[32,59,60]。最后，由 Tb 掺杂引起的磁晶各向异性也是磁致伸缩系数增加的原因之一。

可见，通过研究微量稀土元素 Tb 掺杂对 $Fe_{81}Al_{19}$ 合金微观组织结构和磁致伸缩性能的影响，发现掺杂稀土元素 Tb 能很好地改善 $Fe_{81}Al_{19}$ 合金的磁致伸缩性能。$Fe_{81}Al_{19}$ 合金由 A2 相组成，掺杂稀土元素后其合金由 A2 主相和少量富稀土相组成。稀土 Tb 掺杂可引起（200）衍射峰的相对强度有不同程度的增加，表明稀土 Tb 掺杂能使合金沿（100）晶向择优取向。合金的固溶限度大约为 0.10%，当 $x<0.10$ 时，有微量 Tb 原子进入基体中，引起晶格的膨胀，从而使磁致伸缩系数增加。但超过固溶极限后，过量的 Tb 以富稀土相的形式析出，导致磁致伸缩系数的降低。当 $x=0.10$ 时，合金的磁致伸缩系数达到最大，为 146×10^{-6}。

5.4 稀土 Dy 掺杂 Fe-Al 合金

图 5-15 是 $Fe_{81}Al_{19}Dy_x$（$x=0$，0.10，0.20，0.40，0.60）系列合金样品的背散射图片。由图 5-15(a) 可以看出，$Fe_{81}Al_{19}$ 合金只有一种组织结构（灰

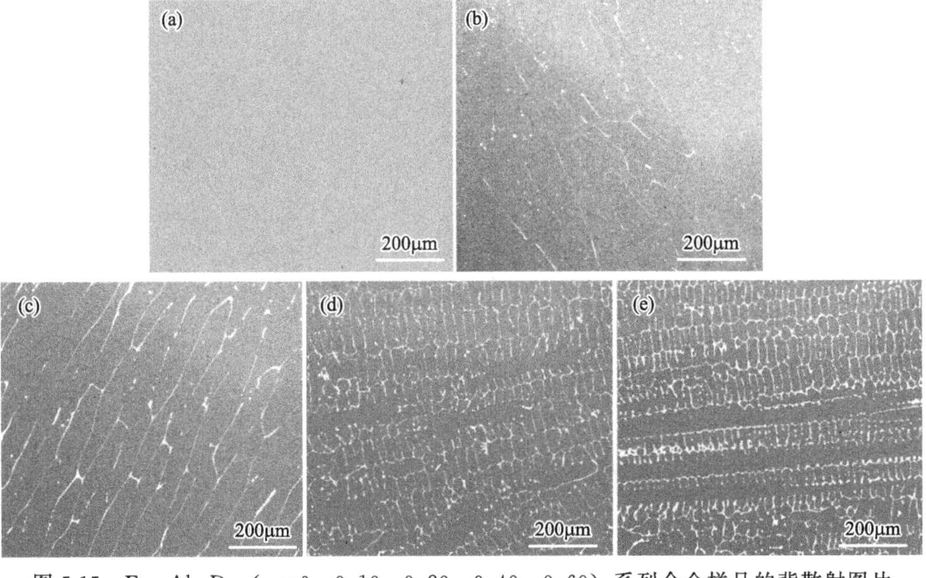

图 5-15 $Fe_{81}Al_{19}Dy_x$（$x=0$，0.10，0.20，0.40，0.60）系列合金样品的背散射图片

(a) $x=0$；(b) $x=0.10$；(c) $x=0.20$；(d) $x=0.40$；(e) $x=0.60$

黑色），但图片中晶粒的晶界不清晰。所以由图 5-15（a）和图 5-3 可以推知 $Fe_{81}Al_{19}$ 合金由单一的 bcc 结构的 Fe(Al) 固溶相组成。掺杂 Dy 元素后的合金样品均包括两种组织结构：基体相（灰黑色）和第二相（亮白色），且 Dy 元素的含量越大，亮白色组织增加越多。同时还发现，当 $x<0.20$ 时，其合金的晶粒趋向于细长的柱状晶。

为了进一步确定基体和第二相的化学成分，在 $Fe_{81}Al_{19}Dy_x$（$x=0.10$，0.20，0.40，0.60）系列合金组织中选取有代表性的微区进行能谱分析，具体见图 5-16，相应微区的化学成分分析结果列入表 5-6。

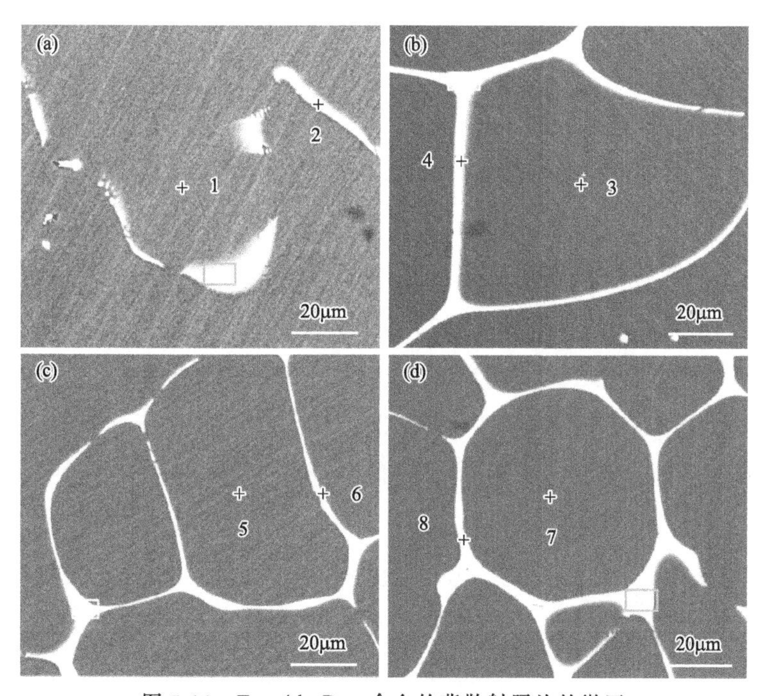

图 5-16　$Fe_{81}Al_{19}Dy_x$ 合金的背散射照片的微区

(a) $x=0.10$；(b) $x=0.20$；(c) $x=0.40$；(d) $x=0.60$

表 5-6　$Fe_{81}Al_{19}Dy_x$ 合金各微区的化学成分分析结果

样品	微区	原子分数/%		
		Fe	Al	Dy
$Fe_{81}Al_{19}Dy_{0.1}$	1	79.95	20.05	0.00
	2	74.52	21.71	3.77

续表

样品	微区	原子分数/%		
		Fe	Al	Dy
$Fe_{81}Al_{19}Dy_{0.2}$	3	81.24	18.76	0.00
	4	75.25	20.86	3.89
$Fe_{81}Al_{19}Dy_{0.4}$	5	80.97	19.03	0.00
	6	69.63	22.96	7.42
$Fe_{81}Al_{19}Dy_{0.6}$	7	80.65	19.65	0.00
	8	68.35	23.51	8.14

由表 5-6 可知，$Fe_{81}Al_{19}Dy_x$（x＝0.10，0.20，0.40，0.60）系列合金的基体组织均只包含两种元素 Fe 和 Al，未检测到稀土元素 Dy。可能是由于 Dy 原子半径（1.77Å）明显大于 Fe（1.40Å）和 Al（1.35Å），这种差异导致 Dy 在 Fe-Al 合金中的固溶度较低，因此导致了 Dy 元素没有进入基体组织中，或者进入极少而没有被检测到。$Fe_{81}Al_{19}Dy_x$（x＝0.10，0.20，0.40，0.60）系列合金的白亮色组织中均包括三种元素：Fe、Al 和 Dy，即掺杂的稀土元素 Dy 主要存在于析出物中，且析出的第二相中 Al 含量比基体高，所以当过量的 Dy 在以第二相的形式析出时，从基体带走了更多的 Al 原子，而 Al 原子进入 Fe 的晶格时会引起晶格的膨胀[12]，所以过量的 Dy 析出导致基体中 Al 减少，推断其合金的晶格常数会变小。

为了了解 $Fe_{81}Al_{19}Dy_x$（x＝0，0.10，0.20，0.40，0.60）系列合金样品的相结构，测试了该系列合金样品的 X 射线衍射谱，如图 5-17 所示。由图 5-17 可以看出，$Fe_{81}Al_{19}$ 合金的衍射谱中出现了（110）、（200）和（211）这三个明显的衍射峰，即合金由无序的 A2 相组成，这与扫描和金相结果一致。而当掺杂稀土元素 Dy 后，其合金样品的衍射谱中也出现了与 $Fe_{81}Al_{19}$ 合金对应的 3 个衍射峰，表明 $Fe_{81}Al_{19}Dy_x$（x＝0.10，0.20，0.40，0.60）系列合金也主要由无序 A2 相组成。仔细观察发现，掺杂 Dy 元素的合金样品的衍射谱中并没有发现因稀土掺杂而导致其他新相的衍射峰，这与扫描结果不一致，可能是由于第二相的体积分数太小，在 XRD 中没有显示出来。为了更加详细地分析，表 5-7 列出了 $Fe_{81}Al_{19}Dy_x$ 合金 X 射线衍射谱对应的衍射数据。

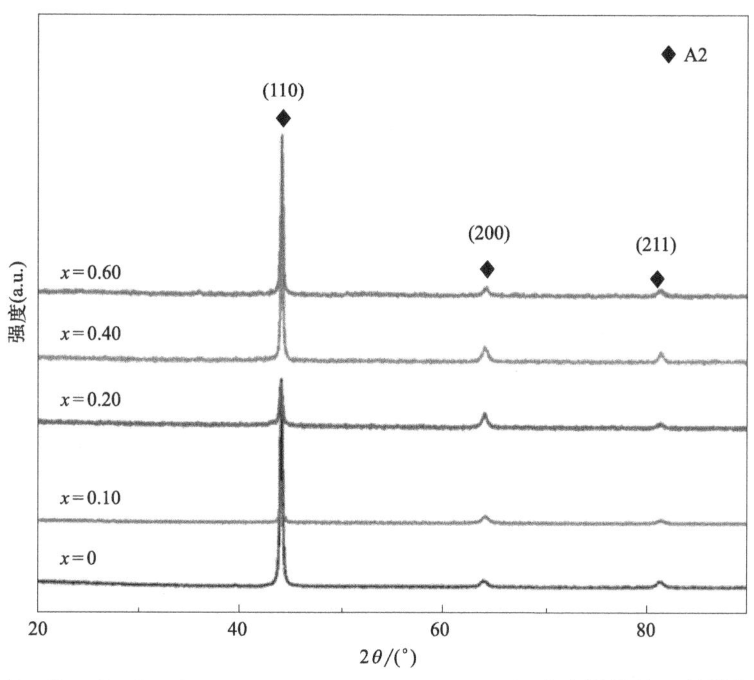

图 5-17 $Fe_{81}Al_{19}Dy_x$（x=0，0.10，0.20，0.40，0.60）合金样品的 X 射线衍射谱

表 5-7 合金中 A2 相的晶格常数和 $I_{(200)}/I_{(110)}$（峰强比）

样品	a/Å	$[I_{(200)}/I_{(110)}]$/%
$Fe_{81}Al_{19}$	2.9069	5.9
$Fe_{81}Al_{19}Dy_{0.1}$	2.9063	62
$Fe_{81}Al_{19}Dy_{0.2}$	2.9060	39.3
$Fe_{81}Al_{19}Dy_{0.4}$	2.9054	18
$Fe_{81}Al_{19}Dy_{0.6}$	2.9051	8.5

运用 Jade 6.5 软件分析计算了该系列合金的（200）和（110）衍射峰的峰强比 $[I_{(200)}/I_{(110)}]$。由表 5-7 可以看出，当 x=0.10 时，$I_{(200)}/I_{(110)}$ 值从 5.9%增加到 62%，有了大幅度的增加，再随着 Dy 含量的增加，$I_{(200)}/I_{(110)}$ 值开始下降，当 x=0.60 时，其值降为 8.5%，但仍高于 $Fe_{81}Al_{19}$ 合金。所以可以看出，稀土元素 Dy 的掺杂使得 $Fe_{81}Al_{19}$ 合金沿（100）晶向择

优取向。而且由扫描结果可知，当 $x<0.20$ 时，其合金的晶粒更多趋向于细长的柱状晶。可见，当 $x<0.20$ 时合金中的柱状晶粒是沿（100）取向的，这与文献［5］相一致。同样计算了该系列合金的晶格常数，发现 $Fe_{81}Al_{19}$ 合金的晶格常数为 2.9065Å，但当掺杂稀土元素 Dy 后，其合金的晶格常数均减小，进一步说明了稀土元素没有进入基体 A2 相或者进入很少。结合稀土掺杂合金的微区成分分析可知，在稀土掺杂合金中，不仅稀土元素没有进入基体相，稀土元素在以第二相的形式析出时，还从基体相中带走了部分 Al 原子，进而导致了晶格常数的减小。

图 5-18 是在室温条件下测得的 $Fe_{81}Al_{19}Dy_x$（$x=0$，0.10，0.20，0.40，0.60）系列合金的磁滞回线，相应的磁化性能列入表 5-8。

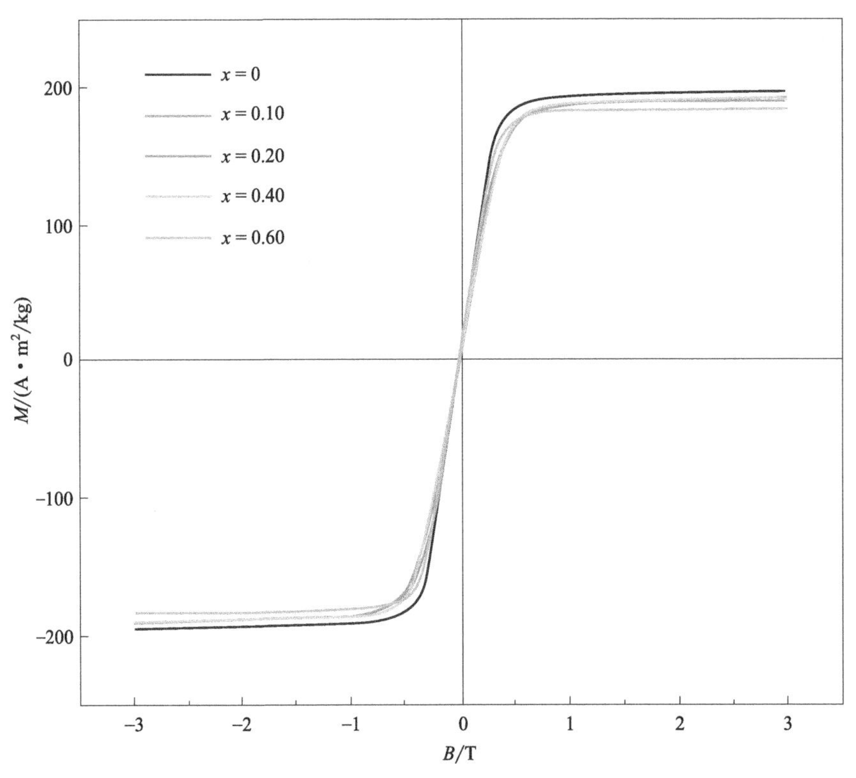

图 5-18 室温下 $Fe_{81}Al_{19}Dy_x$（$x=0$，0.10，0.20，0.40，0.60）合金的磁滞回线

由表 5-8 可以看出，掺杂稀土元素 Dy 后，其合金的饱和磁化强度（M_s）

降低，这是由于富稀土相的析出[7]。磁化功的大小由磁化曲线和 M 坐标轴间所包围的面积决定。用式(5-1) 计算了 $Fe_{81}Al_{19}Dy_x$（$x=0$，0.10，0.20，0.40，0.60）系列合金的磁化功。

表 5-8　$Fe_{81}Al_{19}Dy_x$ 合金的饱和磁化强度（M_s）和磁化功（W）

样品	M_s/(A·m²/kg)	W/(kJ/m³)
$Fe_{81}Al_{19}$	194.76	42.78
$Fe_{81}Al_{19}Dy_{0.1}$	190.71	54.23
$Fe_{81}Al_{19}Dy_{0.2}$	189.93	53.79
$Fe_{81}Al_{19}Dy_{0.4}$	190.12	52.74
$Fe_{81}Al_{19}Dy_{0.6}$	183.58	41.12

同时：

$$\int_0^M H\,\mathrm{d}M = \int_0^F \mathrm{d}F = F(M) - F(0) \tag{5-2}$$

式中，F 为自由能，kJ/m³。

式(5-2) 左端代表磁场所做的磁化功，右端代表晶体在磁化过程增加的自由能，即磁晶各向异性能。所以，磁化功越大，磁晶各向异性越大。而由表 5-8 可以看出，稀土元素 Dy 的掺杂使得合金的磁化功均增加，且当 $x=0.10$ 时，磁化功最大。所以可以推知，稀土元素掺杂导致 Fe-Al 合金具有更大的磁晶各向异性，且 $Fe_{81}Al_{19}Dy_{0.1}$ 合金的磁晶各向异性最大。而铁磁体的磁致伸缩同磁晶各向异性一样，是由原子的自旋与轨道的耦合作用而产生的。合金的磁晶各向异性越大，表明其磁致伸缩系数越大。

图 5-19 是 $Fe_{81}Al_{19}Dy_x$（$x=0$，0.10，0.20，0.40，0.60）系列合金的磁致伸缩系数与外加磁场的关系曲线。图 5-20(c) 是该系列合金的磁致伸缩系数随 Dy 含量的变化曲线。由图 5-20(c) 可知，Dy 元素的掺杂能有效改善铸态 $Fe_{81}Al_{19}$ 合金的磁致伸缩性能。当 $x=0.10$ 时，其合金的磁致伸缩系数为 121×10^{-6}，与 $Fe_{81}Al_{19}$ 合金（26×10^{-6}）相比有了大幅度增加。随着 Dy 含量的增加，磁致伸缩系数开始降低但仍高于铸态 $Fe_{81}Al_{19}$ 合金。图 5-20(b) 是该系列合金的（200）和（110）衍射峰的峰强比 $I_{(200)}/I_{(110)}$ 随 Dy 含量的变化曲线。由图 5-20(b) 可知，掺杂 Dy 元素后，其合金的 $I_{(200)}/I_{(110)}$ 值均增加，且当 $x=0.10$ 时 $I_{(200)}/I_{(110)}$ 值达到最大。这表明稀土 Dy 掺杂可引起

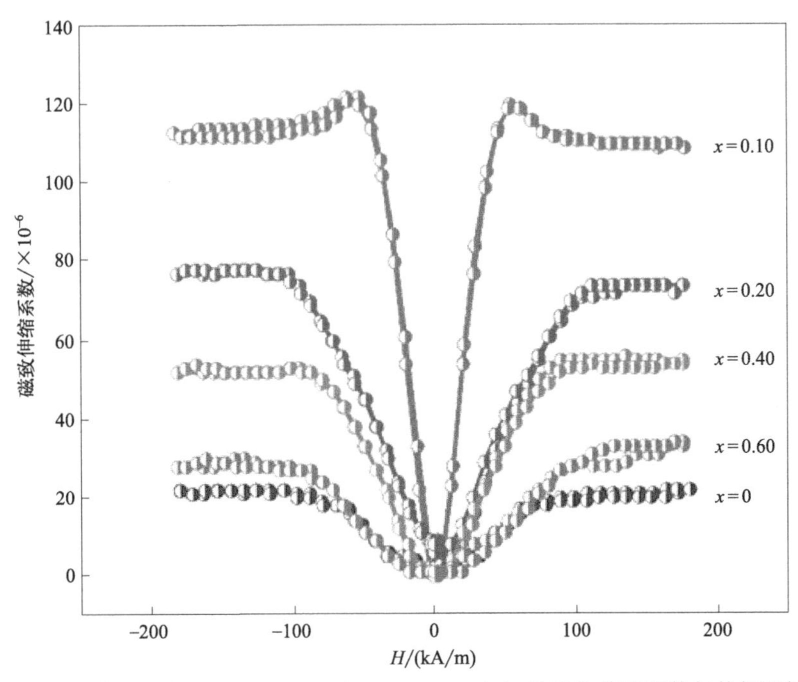

图 5-19　$Fe_{81}Al_{19}Dy_x$（x=0，0.10，0.20，0.40，0.60）的磁致伸缩系数与外加磁场关系

(200) 衍射峰的相对强度增加，这也就暗示了稀土 Dy 掺杂能使合金沿 (100) 晶向择优取向。图 5-20(b) 和图 5-20(c) 的变化趋势一致，表明晶体沿 (100) 晶向择优取向可以有效改善合金的磁致伸缩性能。该机理在 Fe-Ga 中也有所体现[32,59,60]。图 5-20(a) 是该系列合金的磁化功随 Dy 含量的变化曲线。其变化趋势也与该系列合金的磁致伸缩系数随 Dy 含量的变化曲线的趋势一致。这说明合金的磁晶各向异性越强，其磁致伸缩系数越大。

通过研究稀土元素 Dy 掺杂对铸态 $Fe_{81}Al_{19}$ 合金微观组织结构和磁致伸缩性能的影响，发现 $Fe_{81}Al_{19}$ 合金由单一的 bcc 结构 A2 相组成，当掺稀土元素 Dy 后，其合金均由 bcc 结构的 A2 主相和少量富稀土相组成，且少量的富稀土相分布在基体 A2 相的晶界处。稀土元素掺杂使得 $Fe_{81}Al_{19}$ 合金 A2 相沿 (100) 晶向择优取向。通过对合金磁化功的计算发现，稀土元素掺杂导致 $Fe_{81}Al_{19}$ 合金具有更大的磁晶各向异性。所以，稀土元素 Dy 的掺杂能很好地改善 $Fe_{81}Al_{19}$ 合金的磁致伸缩性能，当 x=0.10 时，合金的磁致伸缩系数达到最大，为 121×10^{-6}，与铸态 $Fe_{81}Al_{19}$ 合金相比，其磁致伸缩系数增加了 3 倍多。

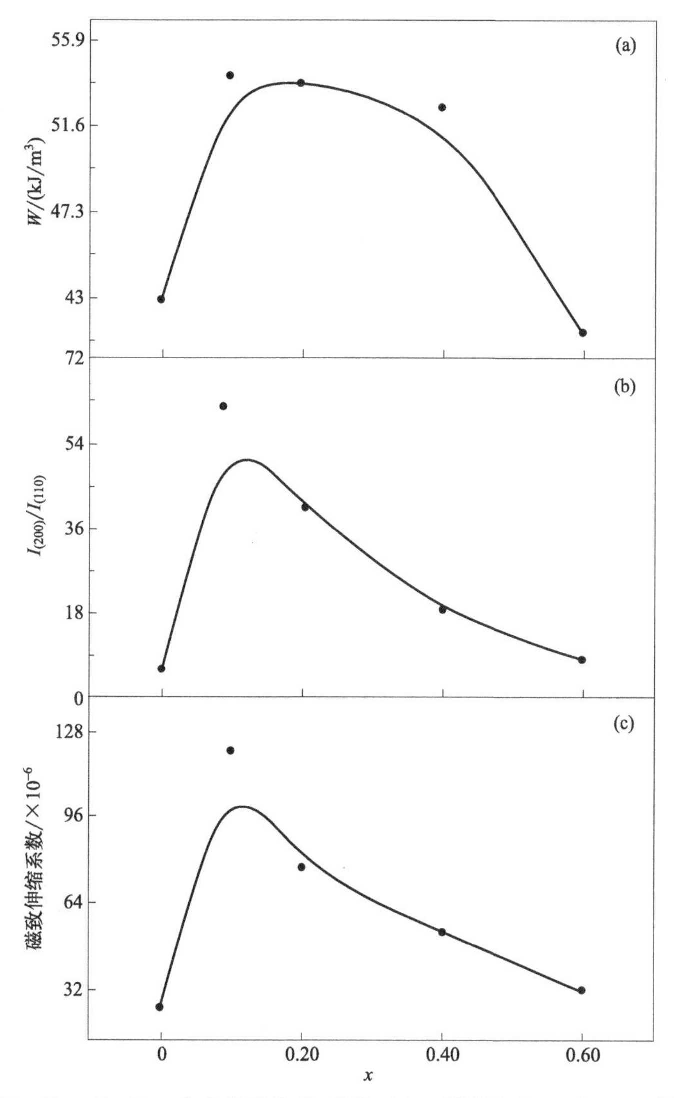

图 5-20 $Fe_{81}Al_{19}Dy_x$ 合金的磁化功（W）(a)，峰强比 $I_{(200)}/I_{(110)}$ (b) 和磁致伸缩系数 (c) 随 Dy 含量的变化

总体来看，本章第一部分研究了磁晶各向异性大小不同的稀土元素 La 和 Tb 掺杂对 Fe-Al 合金微观组织结构和磁致伸缩性能影响。然后，基于第一部分的研究，单独选择高磁晶各向异性的稀土元素 Tb 掺杂 Fe-Al 合金，并探究稀土元素掺杂引起 Fe-Al 合金大磁致伸缩的机理。最后，由于 Dy 和 Tb 元素具有相似的原子半径、4f 电子层结构，所以将稀土元素 Dy

掺杂。

第一部分稀土元素 La 和 Tb 掺杂 Fe-Al 合金的主要结论：

① $Fe_{81}Al_{19}$ 合金由单一的 bcc 结构 A2 相组成，而 $Fe_{81}Al_{19}Tb_{0.1}$ 和 $Fe_{81}Al_{19}La_{0.1}$ 合金均由 bcc 结构的 A2 主相和少量富稀土相组成，且少量的富稀土相分布在基体 A2 相的晶界处。

② $Fe_{81}Al_{19}La_{0.1}$ 合金的 A2 相晶粒趋向于等轴晶，而 $Fe_{81}Al_{19}Tb_{0.1}$ 合金趋向于细长的柱状晶。稀土掺杂导致 $Fe_{81}Al_{19}$ 合金 A2 相沿（100）晶向择优取向，且 $Fe_{81}Al_{19}Tb_{0.1}$ 合金取向更加明显。

③ 通过对合金磁化功的计算发现，稀土元素掺杂导致 $Fe_{81}Al_{19}$ 合金具有更大的磁晶各向异性，而且掺杂稀土 Tb 的效果更加明显。

④ 磁致伸缩系数的增大源于合金沿（100）晶向择优取向和稀土合金的高磁晶各向异性。

第二部分稀土元素 Tb 掺杂 Fe-Al 合金的主要结论：

① $Fe_{81}Al_{19}$ 合金由单一的 bcc 结构 A2 相组成，掺杂稀土元素后其合金由 bcc 结构的 A2 主相和少量富稀土相组成。稀土元素掺杂使 $Fe_{81}Al_{19}Tb_{0.1}$ 合金具有更高的磁晶各向异性。

② Tb 原子在基体中的固溶极限大约为 0.10%。当 $x<0.10$ 时，Tb 原子进入基体中引起晶格的膨胀，从而导致了磁致伸缩系数的增加。当 $x=0.10$ 时磁致伸缩系数达到最大，为 146×10^{-6}。但当 $x>0.10$ 时，过量的 Tb 会以富稀土相的形式析出，导致磁致伸缩性能的下降。

第三部分稀土 Dy 元素掺杂 Fe-Al 合金的主要结论：

① $Fe_{81}Al_{19}$ 合金由单一的 bcc 结构 A2 相组成，当掺稀土元素 Dy 后，其合金均由 bcc 结构的 A2 主相和少量富稀土相组成，且少量的富稀土相分布在基体 A2 相的晶界处。稀土元素掺杂使得 $Fe_{81}Al_{19}$ 合金 A2 相沿（100）晶向择优取向。

② 通过对合金磁化功的计算发现，稀土元素掺杂导致 $Fe_{81}Al_{19}$ 合金具有更大的磁晶各向异性。

参考文献

[1] Emdadi A A, Cifre J, Dementeva O Y, et al. Effect of heat treatment on ordering and

functional properties of the Fe-19Ga alloy [J]. Journal of Alloys and Compounds, 2015, 619(15): 58.

[2] He Y K, Ke X Q, Jiang C B, et al. Interaction of trace rare-earth dopants and nanoheterogeneities induces giant magnetostriction in Fe-Ga alloys [J]. Advanced Functional Materials, 2018, 28(20): 1800858.

[3] Yao Z Q, Tian X, Jiang L P, et al. Influences of rare earth element Ce-doping and melt-spinning on microstructure and magnetostriction of $Fe_{83}Ga_{17}$ alloy [J]. Journal of Alloys and Compounds, 2015, 637(15): 431.

[4] Zhao L J, Tian X, Yao Z Q, et al. Enhanced magnetostrictive properties of lightly Pr-doped $Fe_{83}Ga_{17}$ [J]. Journal of Rare Earths, 2020, 38(3): 257.

[5] Wu W, Jiang C B. Improved magnetostriction of $Fe_{83}Ga_{17}$ ribbons doped with Sm [J]. Rare Metals, 2017, 36(1): 18.

[6] Maruyama F, Nagai H. Magnetic properties of $R_2Fe_{17-x}Ga_x$ (R=Y and Gd) compounds [J]. Solid State Communications, 2005, 135(7): 424.

[7] Jin T Y, Wu W, Jiang C B. Improved magnetostriction of Dy-doped $Fe_{83}Ga_{17}$ melt-spun ribbons [J]. Scripta Materialia, 2014, 74: 100.

[8] He Y K, Jiang C B, Wu W, et al. Giant heterogeneous magnetostriction in Fe-Ga alloys: Effect of trace element doping [J]. Acta Materialia, 2016, 109: 177.

[9] Bormio-Nunes C, dos Santos C T, Dias M B D, et al. Magnetostriction of the polycrystalline $Fe_{80}Al_{20}$ alloy doped with boron [J]. Journal of Alloys and Compounds, 2012, 539(25): 226.

[10] Clark A E, Restorff J B, Wun-Fogle M, et al. Magnetostrictive properties of body-centered cubic Fe-Ga and Fe-Ga-Al alloys [J]. IEEE Transactions on Magnetics, 2000, 36(5): 3238.

[11] Han Y J, Wang H, Zhang T L, et al. Giant magnetostriction in nanoheterogeneous Fe-Al alloys [J]. Applied Physics Letters, 2018, 112(8): 082402.

[12] Grössinger R, Turtelli R S, Mehmood N. Magnetostriction of Fe-X (X=Al, Ga, Si, Ge) intermetallic alloys [J]. IEEE Transactions on Magnetics, 2008, 44(11): 3001.

[13] 姚占全，赵增祺，江丽萍，等．稀土 Ce 掺杂对 $Fe_{83}Ga_{17}$ 合金微结构和磁致伸缩性能的影响 [J].金属学报，2013，49(01)：87.

[14] Zhao L J, Tian X, Yao Z Q, et al. Effects of a large content of Yttrium doping on

microstructure and magnetostriction of $Fe_{83}Ga_{17}$ alloy [J]. Solid State Phenomena, 2019, 288: 27.

[15] Clark A E, Hathaway K B, Wun-Fogle M, et al. Extraordinary magnetoelasticity and lattice softening in bcc Fe-Ga alloys [J]. Journal of Applied Physics, 2003, 93(10): 8621.

[16] Jiles D C. Recent advances and future directions in magnetic materials [J]. Acta Materialia, 2003, 51(19): 5907.

[17] Zhang J X, Chen L Q. Phase-field microelasticity theory and micromagnetic simulations of domain structures in giant magnetostrictive materials [J]. Acta Materialia, 2005, 53(9): 2845.

[18] Basumatary H, Palit M, Chelvane J A, et al. Structural ordering and magnetic properties of $Fe_{100-x}Ga_x$ alloys [J]. Scripta Materialia, 2008, 59(8): 878.

[19] Olabi A G, Grunwald A. Design and application of magnetostrictive materials [J]. Materials & Design, 2008, 29(2): 469-483.

[20] Hong C C. Application of a magnetostrictive actuator [J]. Materials & Design, 2013, 46: 617.

[21] Guruswamy S, Srisukhumbowornchai N, Clark A E, et al. Strong, ductile, and low-field-magnetostrictive alloys based on Fe-Ga [J]. Scripta Materialia, 2000, 43(3): 239.

[22] Wun-Fogle M, Restorff J B, Clark A E, et al. Stress annealing of Fe-Ga transduction alloys for operation under tension and compression [J]. Journal of Applied Physics, 2005, 97(10): 10M301.

[23] 赵丽娟，田晓，姚占全，等. Fe及$Fe_{83}Ga_{17}$和$Fe_{83}Ga_{17}Pr_{0.3}$合金的微结构与磁致伸缩性能 [J]. 材料导报，2018，32(16)：2832.

[24] Huang M L, Lograsso T A, Clark A E, et al. Effect of interstitial additions on magnetostriction in Fe-Ga alloys [J]. Journal of Applied Physics, 2008, 103(7): 07B314.

[25] Huang M L, Du Y Z, McQueeney R J, et al. Effect of carbon addition on the single crystalline magnetostriction of Fe-X (X=Al and Ga) alloys [J]. Journal of Applied Physics, 2010, 107(5): 053520.

[26] Bormio-Nunes C, dos Santos C T, Leandro I F, et al. Improved magnetostriction of $Fe_{72}Ga_{28}$ boron doped alloys [J]. Journal of Applied Physics, 2011, 109(7):

07A934.

[27] Clark A E, Restorff J B, Wun-Fogle M, et al. Magnetostriction of ternary Fe-Ga-X (X=C, V, Cr, Mn, Co, Rh) alloys [J]. Journal of Applied Physics, 2007, 101 (9): 09C507.

[28] Restorff J B, Wun-Fogle M, Clark A E, et al. Magnetostriction of ternary Fe-Ga-X alloys (X = Ni, Mo, Sn, Al) [J]. Journal of Applied Physics, 2002, 91(10): 8225.

[29] Han Y J, Wang H, Zhang T L, et al. Exploring structural origin of the enhanced magnetostriction in Tb-doped $Fe_{83}Ga_{17}$ ribbons: Tuning Tb solubility [J]. Scripta Materialia, 2018, 150: 101.

[30] Emdadi A, Palacheva V V, Cheverikin V V, et al. Structure and magnetic properties of Fe -Ga alloys doped by Tb [J]. Journal of Alloys and Compounds, 2018, 758: 214.

[31] Wu Y Y, Chen Y J, Meng C Z, et al. Multiscale influence of trace Tb addition on the magnetostriction and ductility of oriented directionally solidified Fe-Ga crystals [J]. Physical Review Materials, 2019, 3(3): 033401.

[32] Meng C Z, Jiang C B. Magnetostriction of a $Fe_{83}Ga_{17}$ single crystal slightly doped with Tb [J]. Scripta Materialia, 2016, 114: 9.

[33] Wu Y Y, Fang L, Meng C Z, et al. Improved magneostriction and mechanical properties in dual-phase FeGa single crystal [J]. Materials Research Letters, 2018, 6 (6): 327.

[34] Jiang L P, Yang J D, Hao H B, et al. Giant enhancement in the magnetostrictive effect of FeGa alloys doped with low levels of terbium [J]. Applied Physics Letters, 2013, 102(22): 222409.

[35] Ma T Y, Hu S S, Bai G H, et al. Structural origin for the local strong anisotropy in melt-spun Fe-Ga-Tb: Tetragonal nanoparticle [J]. Applied Physics Letters, 2015, 106(11): 112401.

[36] 于全功，江丽萍，张光睿，等 . Tb 对 $Fe_{83}Ga_{17}$ 合金磁致伸缩性能影响 [J]. 稀土，2010，31(04)：21.

[37] Jiang L P, Zhang G R, Yang J D, et al. Research on microstructure and magnetostriction of $Fe_{83}Ga_{17}Dy_x$ alloys [J]. Journal of Rare Earths, 2010, 28: 409.

[38] 姚占全，田晓，郝宏波，等 . $Fe_{83}Ga_{17}R_{0.6}$ (R=Ce, Tb, Dy) 合金的微结构与磁致

伸缩性能 [J]. 稀有金属材料与工程，2016，45(07)：1777.

[39] Vijayanarayanan V，Basumatary H，Raja M M，et al. Influence of Dy substitution for Ga on the magnetic properties of arc-melted Fe-Ga alloys [J]. Physica Scripta，2022，97(11)：115807.

[40] 江丽萍，张光睿，郝宏波，等 . $Fe_{83}Ga_{17}Dy_x$ 合金组织结构及磁致伸缩性能 [J]. 材料热处理学报，2012，33(05)：44.

[41] 姚占全，田晓，伟伟 . 快淬和退火对 $Fe_{83}Ga_{17}Ce_{0.8}$ 合金结构和磁致伸缩性能的影响 [J]. 功能材料，2015，46(01)：01041.

[42] 龚沛，江丽萍，闫文俊，等 . Y 对铸态 $Fe_{81}Ga_{19}$ 合金组织结构及磁致伸缩性能的影响 [J]. 稀土，2016，37(02)：91.

[43] Nouri K，Jemmali M，Walha S，et al. Experimental investigation of the Y-Fe-Ga ternary phase diagram：Phase equilibria and new isothermal section at 800℃ [J]. Journal of Alloys and Compounds，2017，719：256.

[44] Zhao X，Zhao L J，Wang R，et al. The microstructure，preferred orientation and magnetostriction of Y doped Fe-Ga magnetostrictive composite materials [J]. Journal of Magnetism and Magnetic Materials，2019，491：165568.

[45] 梁雨萍，郝宏波，王婷婷，等 . 轧制 $Fe_{83}Ga_{17}Er_{0.4}$ 合金的磁致伸缩性能及显微组织 [J]. 稀土，2016，37(06)：75.

[46] Liu F S，Yu Y J，Zhang W H，et al. Isothermal section of the Ho-Fe-Ga ternary system at 773 K [J]. Journal of Alloys and Compounds，2011，509(5)：1854.

[47] Golovin I S，Balagurov A M，Palacheva V V，et al. Influence of Tb on structure and properties of Fe-19% Ga and Fe-27% Ga alloys [J]. Journal of Alloys and Compounds，2017，707：51.

[48] Emdadi A，Palacheva V V，Balagurov A M，et al. Tb-dependent phase transitions in Fe-Ga functional alloys [J]. Intermetallics，2018，93：55.

[49] Wu W，Liu J H，Jiang C B. Tb solid solution and enhanced magnetostriction in $Fe_{83}Ga_{17}$ alloys [J]. Journal of Alloys and Compounds，2015，622：379.

[50] Zhang S X，Wu W，Zhu X X，et al. Microstructure and magnetostrictive properties of Tb doped Fe-Ga bulk alloys prepared by melt quenching [J]. Rare Metals，2014，33(3)：309.

[51] Fitchorov T I，Bennett S，Jiang L P，et al. Thermally driven large magnetoresistance and magnetostriction in multifunctional magnetic FeGa-Tb alloys [J]. Acta Materia-

lia，2014，73：19.

[52] Zhu L L，Li K S，Luo Y，et al. Magnetostrictive properties and detection efficiency of TbDyFe/FeCo composite materials for nondestructive testing [J]. Journal of Rare Earths，2019，37(2)：166.

[53] Wang N J，Liu Y，Zhang H W，et al. Effect of copper on magnetostriction and mechanical properties of TbDyFe alloys [J]. Journal of Rare Earths，2019，37(1)：68.

[54] 刘光华. 稀土材料学 [M]. 北京：化学工业出版社，2007.

[55] Mehmood N，Turtelli R S，Grossinger R，et al. Magnetostriction of polycrystalline $Fe_{100-x}Al_x$ ($x=15$，19，25) [J]. Journal of Magnetism and Magnetic Materials，2010，322(9-12)：1609.

[56] Liu Z H，Liu G D，Zhang M，et al. Large magnetostriction in $Fe_{100-x}Al_x$ ($15 \leqslant x \leqslant 30$) melt-spun ribbons [J]. Applied Physics Letters，2004，85(10)：1751.

[57] Cullen J R，Clark A E，Wun-Fogle M，et al. Magnetoelasticity of Fe-Ga and Fe-Al alloys [J]. Journal of Magnetism and Magnetic Materials，2001，226：948.

[58] Reddy B V，Deevi S C. Local interactions of carbon in FeAl alloys [J]. Materials Science and Engineering，2002，329：395.

[59] Atulasimha J，Flatau A B. A review of magnetostrictive iron-gallium alloys [J]. Smart Materials and Structures，2011，20(4)：043001.

[60] Wang Z B，Liu J H，Jiang C B. Magnetostriction of $Fe_{81}Ga_{19}$ oriented crystals [J]. Chinese Physics B，2010，19(11)：117504.

[61] He Y K，Coey J M D，Schaefer R，et al. Determination of bulk domain structure and magnetization process in bcc ferromagnetic alloys：Analysis of magnetostriction in $Fe_{83}Ga_{17}$ [J]. Physical Review Materials，2018，2(1)：014412.

[62] Clark A E，Wun-Fogle M，Restorff J B，et al. Temperature dependence of the magnetic anisotropy and magnetostriction of $Fe_{100-x}Ga_x$ ($x=8.6$，16.6，28.5) [J]. Journal of Applied Physics，2005，97(10)：10M316.

[63] Huang M，Mandru A O，Petculescu G，et al. Magnetostrictive and elastic properties of $Fe_{100-x}Mo_x$ ($2<x<12$) single crystals [J]. Journal of Applied Physics，2010，107(9)：09A920.

[64] Barua R，Taheri P，Chen Y J，et al. Giant Enhancement of Magnetostrictive Response in Directionally-Solidified $Fe_{83}Ga_{17}Er_x$ Compounds [J]. Materials，2018，11(6)：1039.

[65] Li J H, Xiao X M, Yuan C, et al. Effect of yttrium on the mechanical and magnetostrictive properties of $Fe_{83}Ga_{17}$ alloy [J]. Journal of Rare Earths, 2015, 33 (10): 1087.

[66] Wu W, Liu J H, Jiang C B, et al. Giant magnetostriction in Tb-doped $Fe_{83}Ga_{17}$ melt-spun ribbons [J]. Applied Physics Letters, 2013, 103(26): 262403.

第6章

稀土掺杂Fe-Ga磁致伸缩复合材料

近年来，关于 Fe-Ga 磁致伸缩复合材料的研究逐渐被报道。然而，Fe-Ga 磁致伸缩复合材料的研究多数集中在 Fe-Ga 二元合金上[1-3]。磁致伸缩复合材料的磁致伸缩性能与合金粉末自身的磁致伸缩性能密切相关。此外，由于 Fe-Ga 二元合金具有很高的韧性[4-8]，很难制备合金粉末。如果使用稀土掺杂 Fe-Ga 合金，一方面可以有效地改善合金粉末的固有磁致伸缩性能；另一方面更容易制备合金粉末[9-15]。到目前，关于稀土掺杂 Fe-Ga 磁致伸缩复合材料的报道还很少。

鉴于此，本章对稀土掺杂 Fe-Ga 磁致伸缩复合材料进行了研究，制备了 Y、Pr 掺杂 Fe-Ga 磁致伸缩复合材料，研究了其微观结构和磁致伸缩性能，并试图解释磁致伸缩性能机理。

6.1 稀土 Y 掺杂 Fe-Ga 磁致伸缩复合材料

首先，采用真空电弧熔炼炉制备 $(Fe_{83}Ga_{17})_{100-x}Y_x$（$x=0$，3）铸态合金。然后，将铸态样品切割、粉碎成小片，随后将小片的铸态样品放入 Fritsch 高能震动球磨机球磨。球磨后过筛，得到粒径尺寸分别为 50μm 和 75μm 的粉末。但是由于 $Fe_{83}Ga_{17}$ 合金的硬度过高，获得粒径尺寸小的粉末非常困难，只得到粒径尺寸为 75μm 的粉末。

将上述制备得到的合金粉末与环氧树脂黏合剂混合。合金粉末与环氧树脂黏合剂的质量比为 3∶1。将混合物放置在两片有机玻璃中间压实。然后，将压实的有机玻璃放置在大小为 10kOe 的恒定磁场中，在室温下风干 12h 凝固。外加磁场的方向垂直于压力方向（即平行于有机玻璃），以使复合材料在外加磁场中磁化、取向。图 6-1 为复合材料样品的制备过程示意图。本章研究的样品包括铸态合金（as-cast）、磁场取向复合材料（OR）和未取向复合材料（UN）。

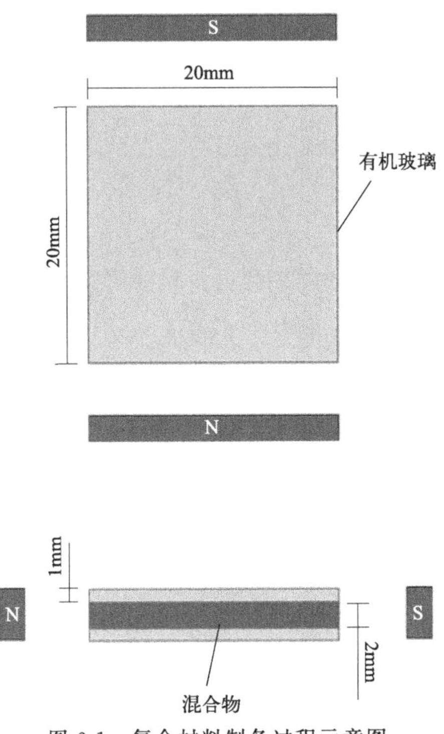

图 6-1　复合材料制备过程示意图

图 6-2 是（$Fe_{83}Ga_{17}$）$_{100-x}$$Y_x$($x$=0，3）铸态合金和复合材料的 X 射线衍射图谱。由图 6-2(a) 可见，所有 $Fe_{83}Ga_{17}$ 样品，包括铸态合金、磁场取向复合材料和未取向复合材料，均由 bcc 结构的单一无序 A2 相组成。而（$Fe_{83}Ga_{17}$）$_{97}$$Y_3$ 铸态合金具有多相结构，由 bcc 结构的无序 A2 主相和少量具有 fcc 结构的 $Fe_{23}Y_6$ 第二相组成。$Fe_{23}Y_6$ 第二相的形成主要是掺杂到 $Fe_{83}Ga_{17}$ 铸态合金中的大量稀土 Y 元素无法进入主相晶格中而沉淀形成的。此外，与铸态合金相比，所有复合材料的衍射峰强度都明显降低，并且衍射峰宽度变大，甚至一些衍射峰消失。这是晶粒细化而造成的漫反射与散射，以及球磨过程中样品中缺陷增加所致。当然，造成这种现象也可能与环氧树脂黏合剂有关。

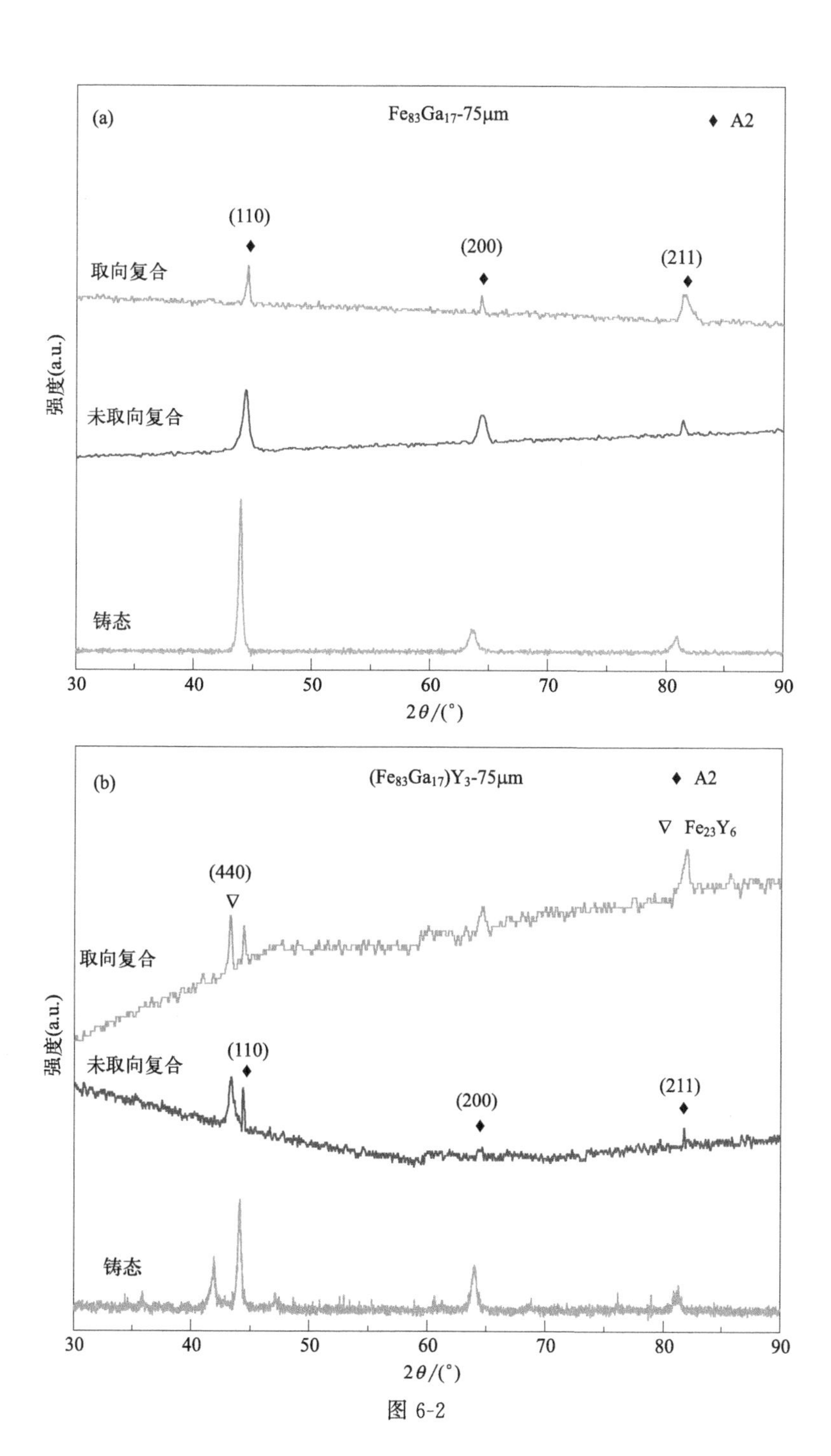
(a)
$Fe_{83}Ga_{17}$-75μm
♦ A2
(110)
(200)
(211)
取向复合
未取向复合
铸态
强度(a.u.)
30
40
50
60
70
80
90
2θ/(°)
(b)
$(Fe_{83}Ga_{17})Y_3$-75μm
♦ A2
▽ $Fe_{23}Y_6$
(440)
取向复合
(110)
未取向复合
(200)
(211)
铸态
强度(a.u.)
30
40
50
60
70
80
90
2θ/(°)

图 6-2

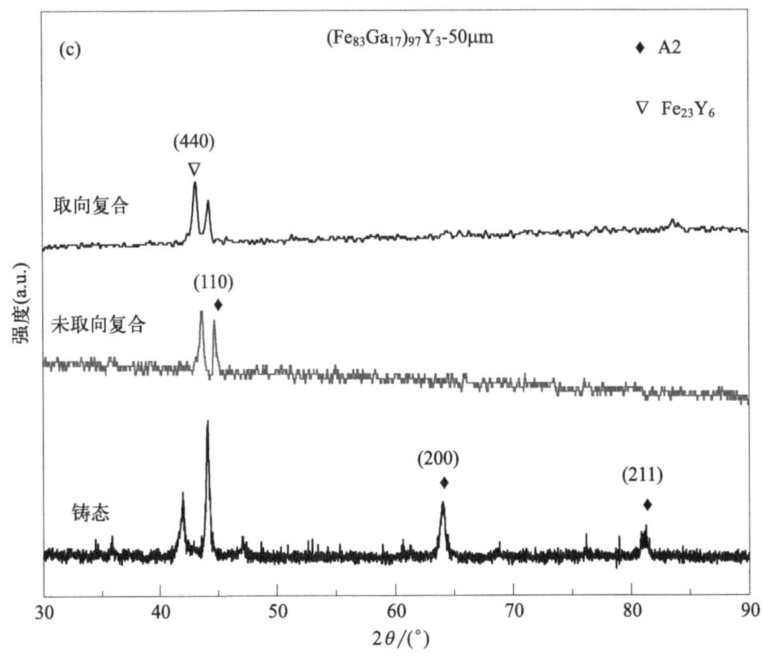

图 6-2 $(Fe_{83}Ga_{17})_{100-x}Y_x$（$x=0$，3）合金和复合材料的 X 射线衍射图谱

此外，对比取向复合材料与相应的未取向复合材料，发现所有取向复合材料的（110）衍射峰强度都趋于减弱，而相应（211）衍射峰的强度则均有不同程度的增强。这表明越来越多的磁化粉末趋向于（211）晶面。这种由于复合材料形成择优取向的现象，是在外加磁场下进行磁化、取向时所造成的晶粒滑动引起的。具体分析如下：复合材料在磁化过程中，具有 bcc 结构的 A2 相首先沿其易轴（001）晶向磁化，这使得 A2 结构的（001）晶向受到外加磁场的作用力，这个作用力导致晶粒滑动。而当沿（001）晶向施加作用力时，(211)（$\bar{1}$11）滑移系比（110）（$\bar{1}$11）滑移系更容易发生滑移，这与 Schmid（施密特）因子有关。

通常，Schmid 因子可以通过以下公式计算[16]：

$$m=\cos\lambda\cos\alpha \tag{6-1}$$

式中，m 为施密特因子；λ 为施加作用力与滑移方向之间的角度；α 为施加作用力与滑移面法线方向之间的角度。(211)（$\bar{1}$11）滑移系的 Schmid 因子 [$m_{(211)}=0.816$] 大于（110）（$\bar{1}$11）滑移系的 Schmid 因子 [$m_{(110)}=0.289$]。因此，当磁场沿（001）方向施加力时，(211) 晶面族比（110）晶面族更容易滑动。实际上，由于（110）（$\bar{1}$11）滑移系的 Schmid 因子 [$m_{(110)}=0.289$] 小于 0.5，当外加磁场沿

(001) 晶向施加力时，(110) 晶面族在这种情况下无法移动[17]。由于沿 (001) 晶向施加作用力时 (110) 晶面族无法移动，因此 (110) 晶面族只能在 (211) 滑移面的旋转力偶的作用下旋转，这就是 (110) 衍射峰强度降低的原因。

为了更生动地描述上述过程，图 6-3 展示了在外加磁场作用下的晶粒滑移过程。

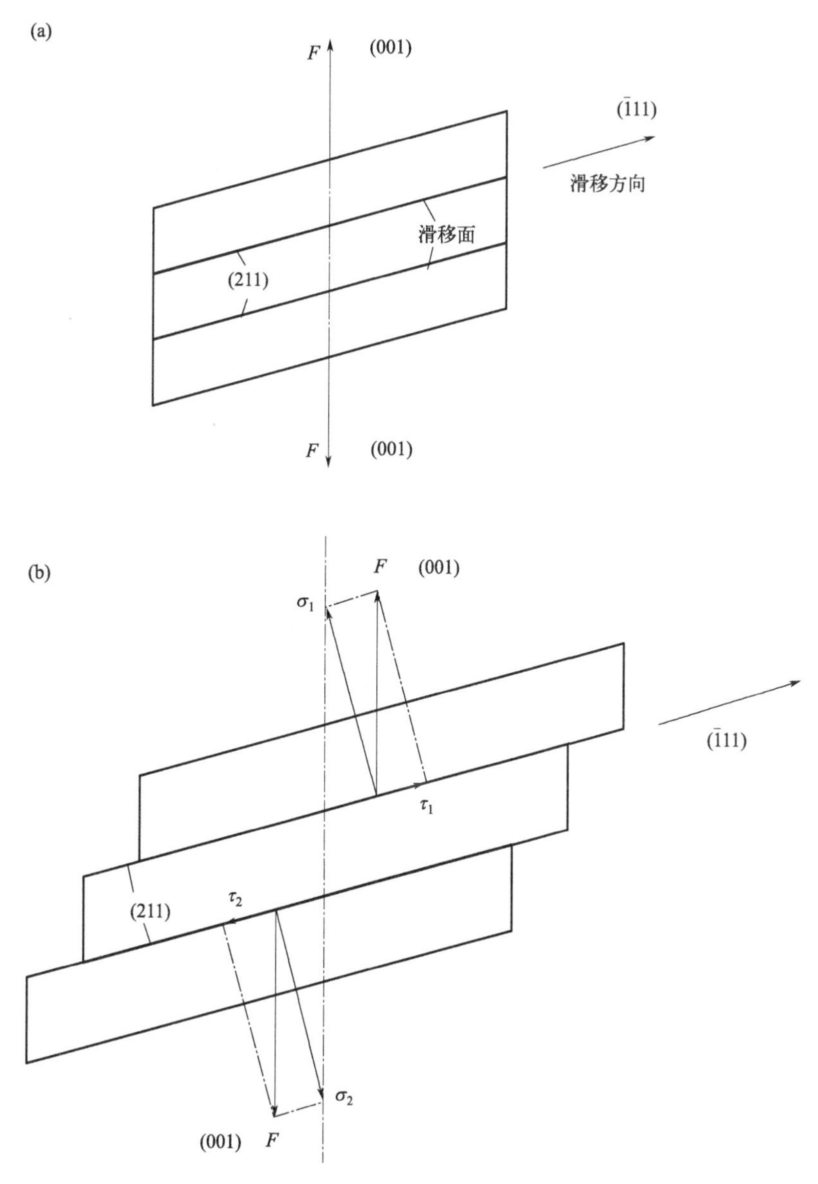

图 6-3

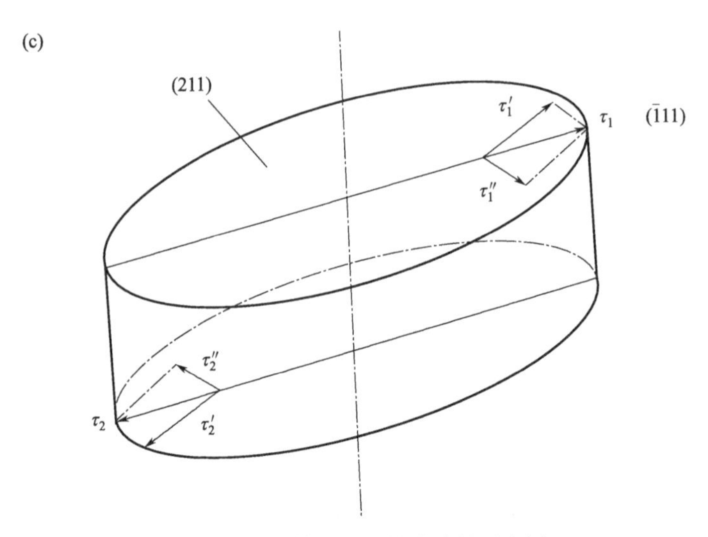

图 6-3 磁场作用下晶粒滑移的示意图

(a) 晶粒滑动之前；(b) 晶粒滑移后尚未旋转；(c) 图 6-3(b) 中的单层晶粒

F—外加磁场；σ_1，σ_2—作用在（211）滑移面上力的法向分应力；τ_1，τ_2—作用在（211）滑移面上的最大剪切应力；τ_1'，τ_1''—有效分切力和分切应力（从 τ_1 分解而来）；τ_2'，τ_2''—有效分切力和分切应力（从 τ_2 分解而来）

图 6-3(a) 为晶粒滑移之前的状态。F 是外加磁场沿（001）易轴方向施加的作用力。在两层晶粒之间是（211）滑移面，并且晶粒沿着（$\bar{1}$11）晶向滑动。图 6-3(b) 展示了晶粒滑移后的状态，σ_1 和 σ_2 是作用在（211）滑移面上力的法向分应力。在这对力偶的作用下，（211）滑移面将旋转并逐渐与作用力的方向平行，即（001）易轴方向。τ_1 和 τ_2 是作用在（211）滑移面上的最大剪切应力。在剪切应力的作用下，（211）滑移面将沿（$\bar{1}$11）滑移方向滑动。图 6-3(c) 为图 6-3(b) 中的单层晶粒，有效分切力 τ_1'和分切应力 τ_1''是从 τ_1 分解而来。类似地，τ_2'和 τ_2''是从 τ_2 分解而来。平行于（$\bar{1}$11）滑移方向的有效分切应力 τ_1'和 τ_2'是引起（211）滑移面滑移的原因。垂直于（$\bar{1}$11）滑移方向的分切应力 τ_2'和 τ_2''形成一对力偶，这对力偶使滑移方向旋转到最大剪切应力（τ_1，τ_2）的方向。

此外，如图 6-2(b) 和图 6-2(c) 所示，复合材料的主相衍射峰强度也受到合金粉末粒径的影响。与 75μm 粒径的复合材料相比，50μm 粒径样品的衍射峰强度更低，有些衍射峰甚至消失了。为了弄清这种现象是环氧树脂黏合剂引起还是球磨导致合金非晶化而引起，测量了 75μm 和 50μm 粒径的 Y 掺杂 Fe-Ga 合金粉末的 X 射线衍射图谱，如图 6-4 所示，发现粒径为 50μm 合金粉末的衍射峰只是变宽但并没有消失。因此认为 50μm 粒径的取向复合材料的衍射峰强度低于 75μm 粒径的取向复合材料，是由取向水平差而引起，并不是由非晶化所引起。

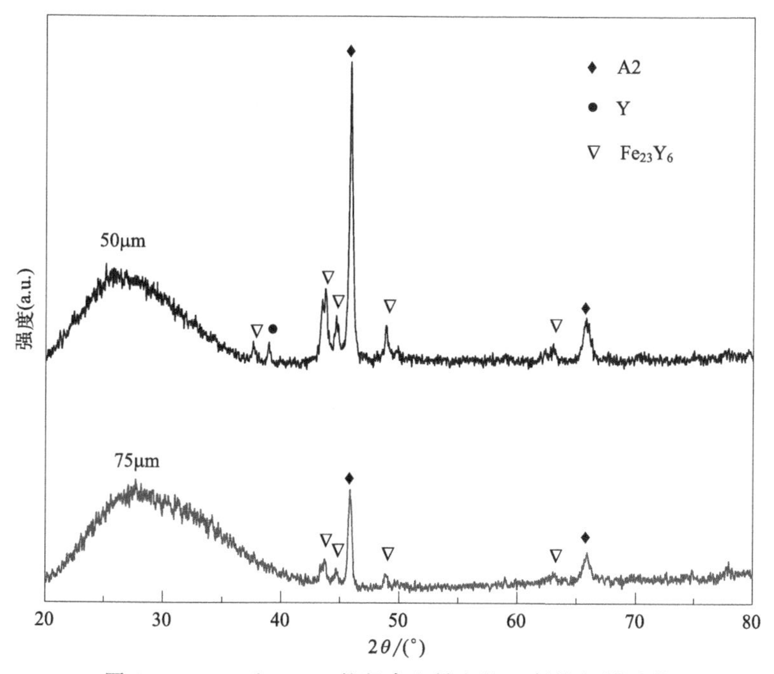

图 6-4 50μm 和 75μm 粒径合金粉末的 X 射线衍射图谱

由于复合材料中的环氧树脂无法导电，因此无法使用 SEM 表征复合材料的形貌。在本章中，光学显微镜（放大 40 倍）被用来观察复合材料中合金粉末的形貌。图 6-5 为未取向 $(Fe_{83}Ga_{17})_{100-x}Y_x$（$x=0$，3）复合材料的光学显微镜（OM）照片。由图 6-5 可见，所有合金粉末颗粒均为薄片状，并且这些薄片状合金粉末颗粒为无序排列。

图 6-6 为外加磁场取向后的 $(Fe_{83}Ga_{17})_{100-x}Y_x$（$x=0$，3）复合材料的 OM 照片。从图 6-6 可以看出，取向后复合材料的粉末颗粒均为有序排列。但是，$Fe_{83}Ga_{17}$ 复合材料的粉末颗粒排列呈条状，而 $(Fe_{83}Ga_{17})_{97}Y_3$ 复合材料的粉末颗粒排列呈针状。同时，复合材料里的合金粉末颗粒在外加磁场的作用

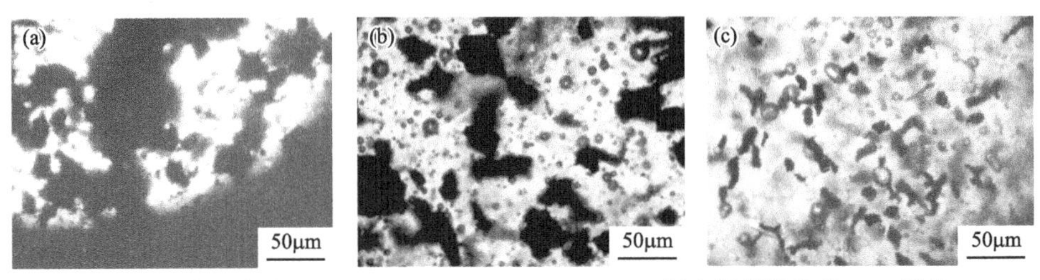

图 6-5 未取向的（$Fe_{83}Ga_{17}$）$_{100-x}Y_x$（$x=0$，3）复合材料样品的OM照片

(a) 75μm 的 $Fe_{83}Ga_{17}$；(b) 75μm 的（$Fe_{83}Ga_{17}$）$_{97}Y_3$；(c) 50μm 的（$Fe_{83}Ga_{17}$）$_{97}Y_3$

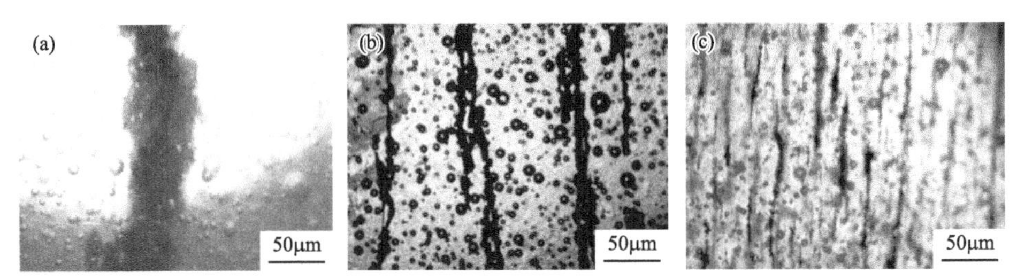

图 6-6 取向后（$Fe_{83}Ga_{17}$）$_{100-x}Y_x$（$x=0$，3）复合材料样品的OM照片

(a) 75μm 的 $Fe_{83}Ga_{17}$；(b) 75μm 的（$Fe_{83}Ga_{17}$）$_{97}Y_3$；(c) 50μm 的（$Fe_{83}Ga_{17}$）$_{97}Y_3$

下发生形变。但在相同的磁场强度下，（$Fe_{83}Ga_{17}$）$_{97}Y_3$ 复合材料的形变程度要大于 $Fe_{83}Ga_{17}$ 复合材料。这可能与合金粉末颗粒的塑性和强度有关。（$Fe_{83}Ga_{17}$）$_{97}Y_3$ 复合材料的合金粉末颗粒的塑性和强度大于 $Fe_{83}Ga_{17}$ 复合材料的合金粉末颗粒。这种塑性和强度都增强的现象可能是与晶粒尺寸减小所导致的晶粒细化有关。

SEM用于进一步研究（$Fe_{83}Ga_{17}$）$_{97}Y_3$ 铸态合金晶粒细化的原因。图6-7给出了（$Fe_{83}Ga_{17}$）$_{97}Y_3$ 铸态合金的SEM照片，相应的EDS结果列于表6-1。通常，晶粒细化有两个原因[16]：①合金元素溶入基体相中，在凝固过程中成为新的晶核，导致形核率增加，形成晶粒细化的现象。②合金元素聚集在基体相的晶界内，阻碍了晶界的运动，阻碍基体相晶粒的长大，形成细化晶粒的现象。从图6-7和表6-1可以看出，Y掺杂元素聚集在基体相的晶界处。因此，Y掺杂Fe-Ga合金的晶粒细化机理主要是第二种情况，即Y掺杂物聚集在A2相的晶界中，阻碍了晶界的运动，进而阻碍了A2相晶粒的长大，导致晶粒细化。此外，先前的研究中发现，$Fe_{83}Ga_{17}$ 合金的基体相平均晶粒尺寸为

700μm[18]。但是在本节的研究中，如SEM照片所示，掺Y的$Fe_{83}Ga_{17}$合金的平均晶粒尺寸大约为50μm，这进一步证明了稀土掺杂有利于Fe-Ga合金晶粒的细化。

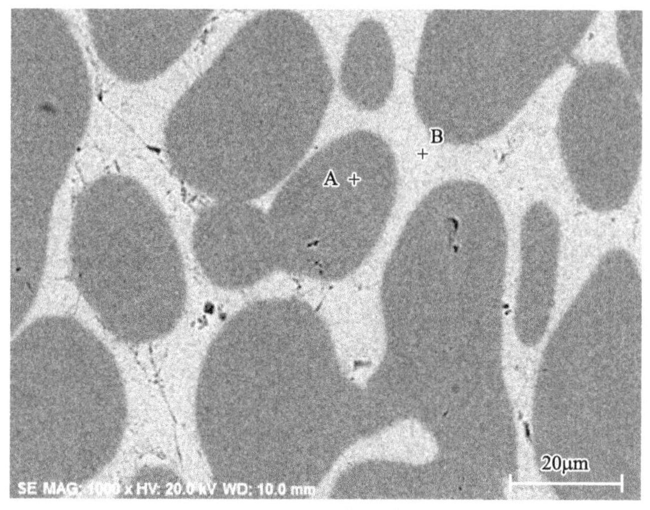

图 6-7 $(Fe_{83}Ga_{17})_{97}Y_3$ 铸态合金的SEM照片

表 6-1 $(Fe_{83}Ga_{17})_{97}Y_3$ 铸态合金的EDS结果

标记	原子分数/%		
	Fe	Ga	Y
A	86.86	13.14	0.00
B	63.01	27.39	9.59

图6-8是粒径为75μm的取向和未取向的$(Fe_{83}Ga_{17})_{100-x}Y_x$ ($x=0$，3)复合材料的磁滞回线。

由图6-8(a)可见，取向$Fe_{83}Ga_{17}$复合材料的饱和磁化强度（69A·m^2/kg）低于未取向复合材料的饱和磁化强度（74A·m^2/kg）。同样，如图6-8(b)所示，取向$(Fe_{83}Ga_{17})_{97}Y_3$复合材料的饱和磁化强度（111A·m^2/kg）低于未取向复合材料（143A·m^2/kg）。通常，饱和磁化强度的大小与磁化过程中磁畴的旋转和排列难易有关，饱和磁化强度越大，磁畴越难旋转和排列。取向复合材料中的合金粉末颗粒内部的磁畴在取向过程中已经旋转和排列了，旋转和排列方向与外加磁场方向平行，因此，这些取向的复合材料在磁化过程中更容易饱

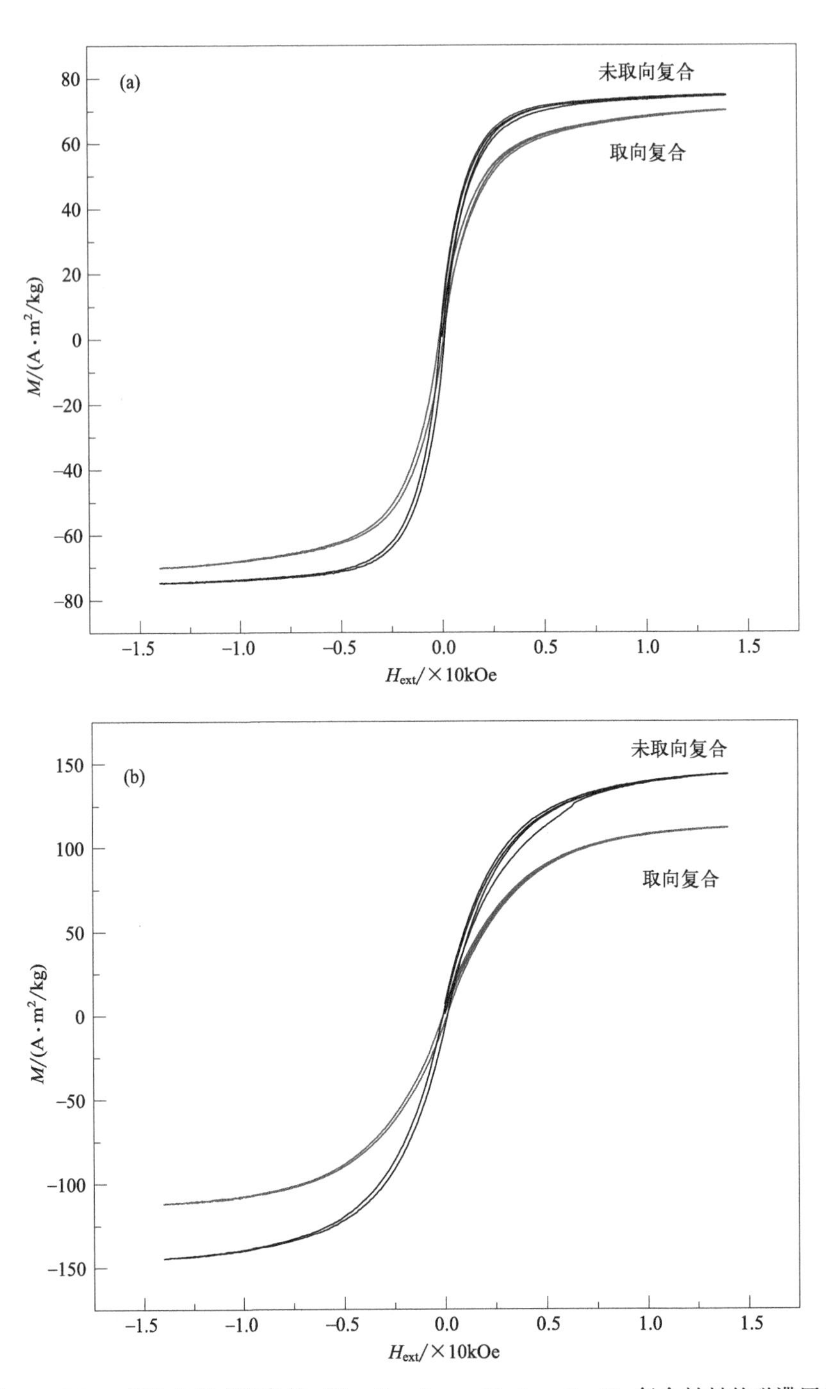

图 6-8　75μm 的取向和未取向的 $(Fe_{83}Ga_{17})_{100-x}Y_x$（$x=0$，3）复合材料的磁滞回线

(a) $Fe_{83}Ga_{17}$；(b) $(Fe_{83}Ga_{17})_{97}Y_3$

和，饱和磁化强度较低。但是未取向复合材料合金粉末颗粒内，磁畴仍为无序排列，在未取向复合材料磁化过程中，磁畴需要旋转并沿磁化方向排列，这导致未取向复合材料的饱和磁化强度高于取向复合材料。另外，如图 6-8(a) 和图 6-8(b) 所示，将所有取向复合材料的饱和磁场与相应未取向复合材料进行比较发现，所有未取向样品的饱和磁场［$Fe_{83}Ga_{17}$ 约 5kOe，$(Fe_{83}Ga_{17})_{97}Y_3$ 约 10kOe］均低于相应取向样品［$Fe_{83}Ga_{17}>14$kOe，$(Fe_{83}Ga_{17})_{97}Y_3$ 约 12kOe］。这种现象与合金粉末颗粒形状不同，所引起的退磁因子不同有关。在本章中，磁滞回线是在垂直于复合材料平面的磁场下测得的。在这种情况下，未取向样品（薄片状）的 $\alpha=c/a$（c 为长度；a 为宽度）比取向样品［$Fe_{83}Ga_{17}$：条形；$(Fe_{83}Ga_{17})_{97}Y_3$：针形］的大，导致所有未取向样品的退磁因子低于相应取向样品的退磁因子，从而导致所有未取向样品的饱和磁场低于取向样品，该结果与文献［19］一致。另外，取向的 $Fe_{83}Ga_{17}$ 复合材料的饱和磁场（约 12kOe）大于取向 $(Fe_{83}Ga_{17})_{97}Y_3$ 复合材料的饱和磁场（约 12kOe）。这与复合材料的退磁因子不同有关。合金粉末颗粒为条形的 $Fe_{83}Ga_{17}$ 复合材料的退磁因子大于合金粉末颗粒为针形的 $(Fe_{83}Ga_{17})_{97}Y_3$ 复合材料的退磁因子。

图 6-9 是 $(Fe_{83}Ga_{17})_{100-x}Y_x$（$x=0$，3）合金样品的磁致伸缩曲线。从图 6-9 可以看出，取向 $(Fe_{83}Ga_{17})_{100-x}Y_x$（$x=0$，3）复合材料的磁致伸缩系数明显高于相应未取向复合材料和铸态合金。这种现象与两个因素有关：一是沿（001）易轴方向形成的择优取向；二是在外加磁场中取向后沿外加磁场方向的磁畴的旋转和排列。这些因素大大增强了取向复合材料的磁致伸缩性能，这与文献［20，21］报道是一致的。此外，未取向复合材料的磁致伸缩系数大都低于相应铸态样品。这种现象源于：一方面，未取向复合材料的磁畴排列比铸态样品更无序；另一方面，如上所述，XRD 表明未取向复合材料的各向异性低于相应的铸态合金。另外，可以观察到复合材料相对于相应的铸态合金显示出不稳定的磁致伸缩曲线。磁致伸缩性能与磁畴的旋转有关。在本节中，通过球磨铸态样品获得了磁致伸缩合金粉末。因此，每个合金粉末颗粒与铸态合金是具有相同的畴结构的。在磁化过程中，复合材料中每个合金粉末颗粒的磁畴将沿磁化方向旋转。但是与单个铸态合金相比，在复合材料中，由于不同的合金粉末颗粒具有不同的磁化过程，因此每个颗粒的磁畴旋转不均匀，导致曲线不规则。

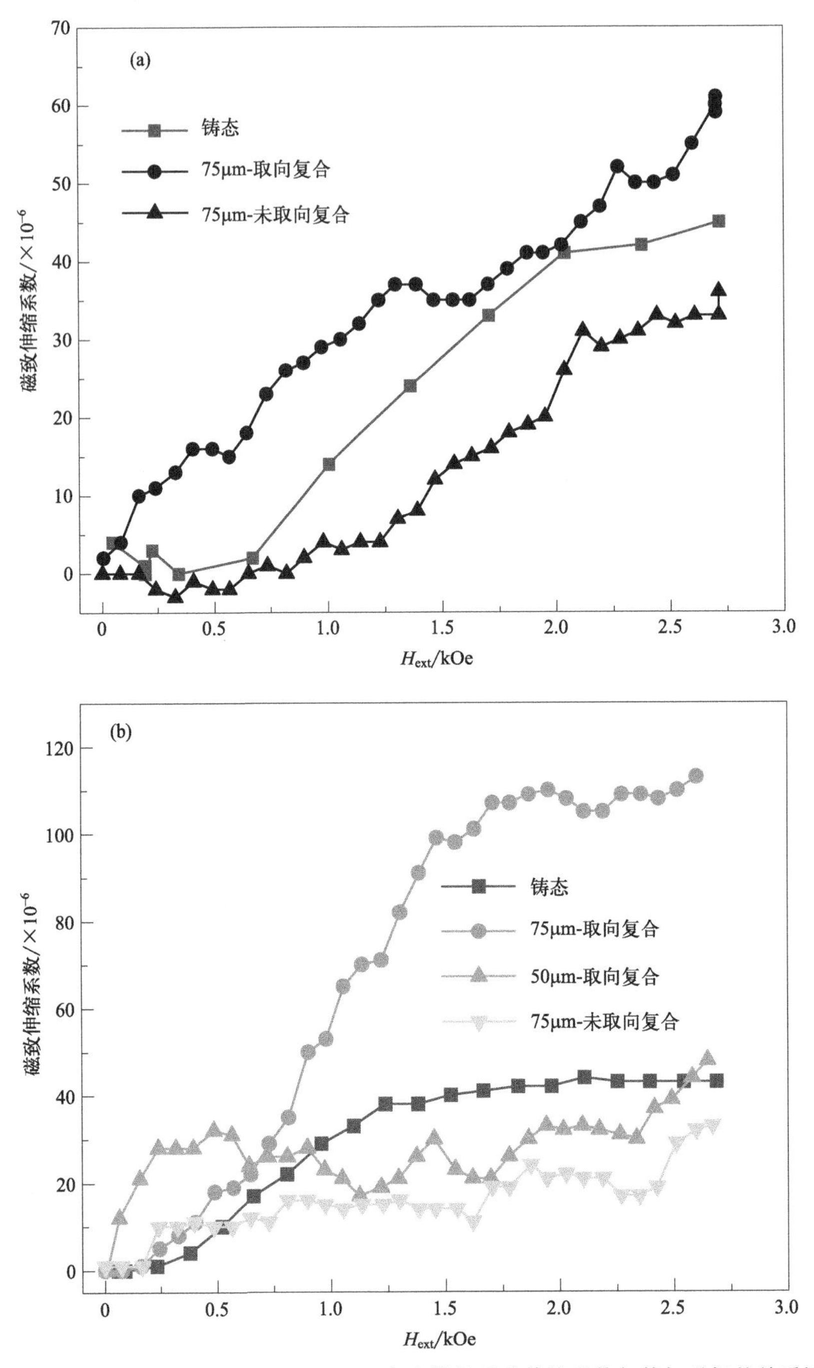

图 6-9 $(Fe_{83}Ga_{17})_{100-x}Y_x$（$x=0$，3）合金样品磁致伸缩系数与外加磁场的关系图

(a) $Fe_{83}Ga_{17}$；(b) $(Fe_{83}Ga_{17})_{97}Y_3$

从图 6-9 还可以看出，75μm 粒径 $Fe_{83}Ga_{17}$ 复合材料的磁致伸缩系数低于 75μm 粒径（$Fe_{83}Ga_{17}$）$_{97}Y_3$ 复合材料。如上所述，（$Fe_{83}Ga_{17}$）$_{97}Y_3$ 合金粉末的塑性优于 $Fe_{83}Ga_{17}$ 合金粉末，即在相同的应力下，（$Fe_{83}Ga_{17}$）$_{97}Y_3$ 合金粉末的形变比 $Fe_{83}Ga_{17}$ 合金粉末大，因此（$Fe_{83}Ga_{17}$）$_{97}Y_3$ 合金粉末的弹性模量低于 $Fe_{83}Ga_{17}$ 合金粉末，这些分析与文献［17，22］一致。根据先前的研究[23-26]，随着弹性模量的减小，磁致伸缩性能呈现出增加的趋势。因此，相较于 75μm 粒径的 $Fe_{83}Ga_{17}$ 复合材料样品，75μm 粒径的（$Fe_{83}Ga_{17}$）$_{97}Y_3$ 复合材料样品的磁致伸缩系数更大。

另外，由图 6-9(b) 可见，粒径 50μm 的（$Fe_{83}Ga_{17}$）$_{97}Y_3$ 复合材料的磁致伸缩系数比粒径为 75μm 的相同成分的复合材料的磁致伸缩系数低。这是由于不同粒径的粉末在外加磁场下的取向水平不同。从图 6-4 中可以看出，50μm 粒径的合金粉末的（110）衍射峰的强度高于 75μm 粒径的合金粉末。在外加磁场下取向的过程中，当外加磁场沿（001）易轴方向施加作用力时，由于 50μm 粒径的合金粉末具有较高的（110）取向，因此需要较大的力才能使晶粒沿（001）易轴旋转。但是 50μm 和 75μm 粒径的合金粉末的外加磁场是相同的，因此 50μm 粒径的合金粉末的取向水平比 75μm 粒径的合金粉末差。这导致 50μm 粒径的复合材料的磁致伸缩性能弱于相应的 75μm 粒径的复合材料。

本部分研究发现，铸态 $Fe_{83}Ga_{17}$ 合金由具有 bcc 结构的单一 A2 相组成。而铸态（$Fe_{83}Ga_{17}$）$_{97}Y_3$ 合金由 A2 相和少量 $Fe_{23}Y_6$ 第二相组成，且 $Fe_{23}Y_6$ 第二相主要聚集在 A2 相的晶界，这导致 A2 基相的晶粒细化。在外加磁场下取向导致晶粒的滑移和旋转以及磁畴的旋转。晶粒的滑移和旋转导致（001）择优取向的形成。稀土掺杂和在外加磁场下取向均有效地改善了 Fe-Ga 磁致伸缩复合材料的磁致伸缩性能。取向的（$Fe_{83}Ga_{17}$）$_{97}Y_3$ 复合材料的磁致伸缩系数达到约 120×10^{-6}，是未取向的 Fe-Ga 磁致伸缩复合材料的 4 倍以上。

6.2 稀土 Pr 掺杂 Fe-Ga 磁致伸缩复合材料

采用真空电弧熔炼炉制备 $Fe_{83}Ga_{17}Pr_x$（x=0，0.2，1.0）铸态合金。本节选择这么大跨度的组分，是为了探究不同的稀土掺杂量对复合材料磁致伸缩性能的影响。将铸态合金切割、砸成小片，随后将小片的铸态合金放入Fritsch高能震动球磨机球磨。球磨后所获得的粉末过孔径为75μm筛子，获得粒径为75μm的合金粉末。之后，将$Fe_{83}Ga_{17}Pr_x$（$x=0$，0.2，1.0）合金粉末与环氧树脂黏合剂混合。将混合物置于有机玻璃中间压实，将压实的玻璃放置在大小为10kOe的恒定磁场中，在室温下风干12h以凝固，外加磁场的方向垂直于压力方向（平行于有机玻璃），使复合材料在外加磁场中磁化、取向。

为了研究合金粉末与环氧树脂黏合剂质量比对复合材料磁致伸缩性能的影响，分别制备了粉末与环氧树脂质量比为2∶1与1∶1的两种复合材料。为了研究风干时间对复合材料的磁致伸缩性能的影响，将粉末与环氧树脂质量比为2∶1的$x=0.2$复合材料样品分别放置在磁场中风干12h和16h。

图6-10是$Fe_{83}Ga_{17}Pr_x$（$x=0$，0.2，1.0）铸态和复合材料的X射线衍射图谱。由图6-10(a)可见，$x=0$和$x=0.2$铸态合金由A2单相组成，而$x=1.0$铸态合金由A2基相和富稀土第二相组成。另外，随着稀土掺杂量的增加，A2相的晶格常数减小。从图6-10(a)中也可以观察到，与$x=0$铸态合金相比，稀土掺杂的Fe-Ga铸态合金具有（100）择优取向，这种现象是由稀土元素掺杂所引起的基相四方畸变所导致的[9,10,16,27,28]。但是，与$x=0.2$铸态样品明显的（100）择优取向相比，$x=1.0$样品的（100）择优取向较弱。

此外，由图6-10(b)可见，随着（110）衍射峰强度的降低，未取向$Fe_{83}Ga_{17}$复合材料中（200）和（211）衍射峰的强度增加。这种现象与球磨过程中的位错反应有关，这种（110）衍射峰减少，而（200）和（211）衍射峰增加的位错反应模型为：

$$a(1\bar{1}0)_{(110)}=\frac{a}{2}(1\bar{2}0)_{(211)}+\frac{a}{2}(100)_{(020)} \tag{6-2}$$

式中，a是晶格常数。

由图6-10(c)可见，与$x=0.2$铸态样品相比，未取向复合材料的（211）衍射峰的强度增加。这与相应的$x=0$未取向复合材料不同，根据以前的研究[9]，这种现象与Pr原子进入A2基相有关，可以确认A2基相中的Ga原子被掺杂的稀土原子取代。由于Pr原子的半径比Ga原子的半径大得多，导致被取代的Ga原子的晶向上原子间距减小。这将导致在原子间距较小的晶向上形成新的滑移方向，从而在球磨过程中产生多滑移，使得$x=0.2$的未取向复

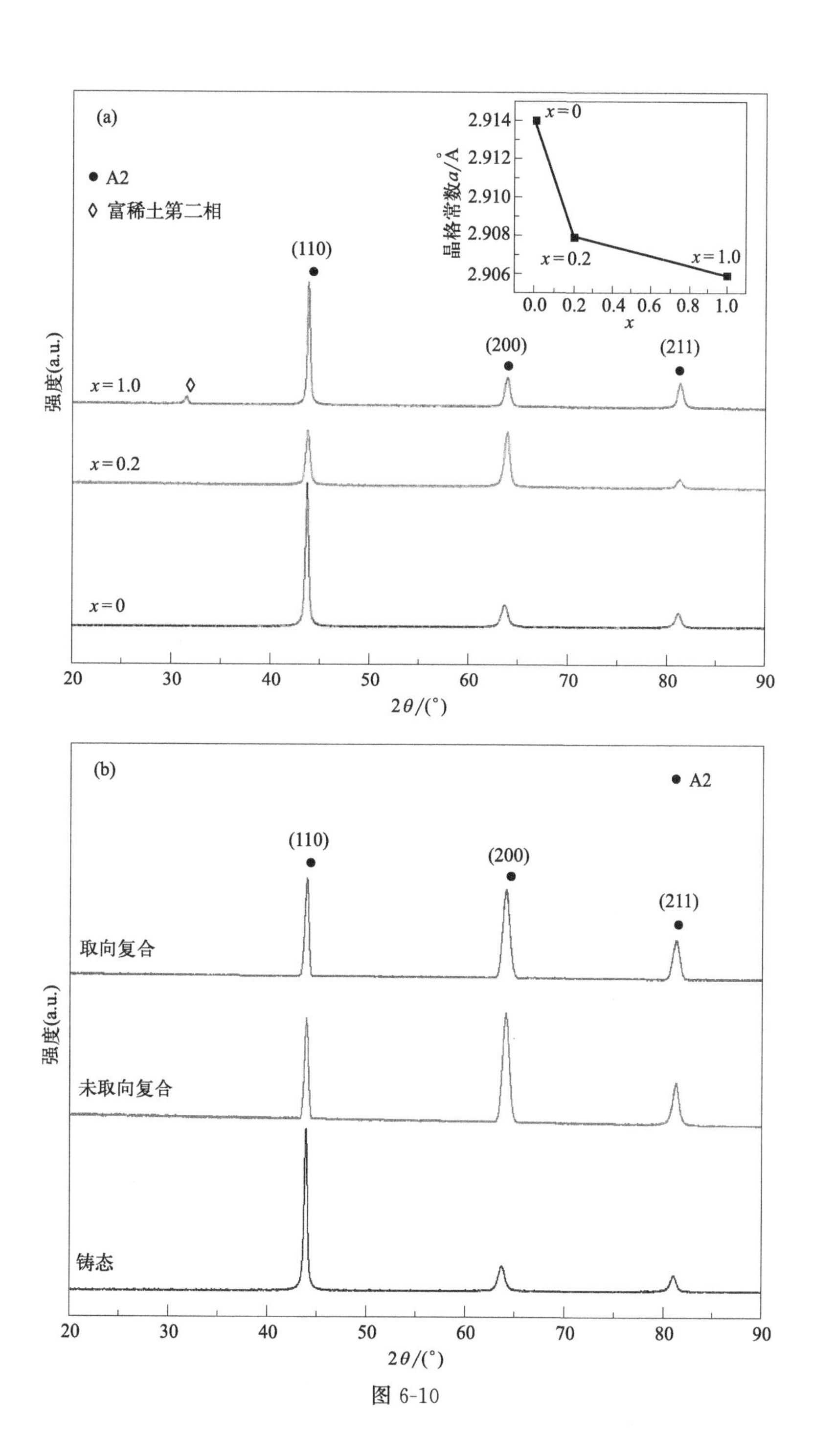
(a)
● A2
◇ 富稀土第二相
(110)
(200)
(211)
x=1.0
x=0.2
x=0
强度(a.u.)
2θ/(°)
晶格常数a/Å
2.914
2.912
2.910
2.908
2.906
x=0
x=0.2
x=1.0
0.0 0.2 0.4 0.6 0.8 1.0
x
(b)
● A2
(110)
(200)
(211)
取向复合
未取向复合
铸态
强度(a.u.)
20 30 40 50 60 70 80 90
2θ/(°)

图 6-10

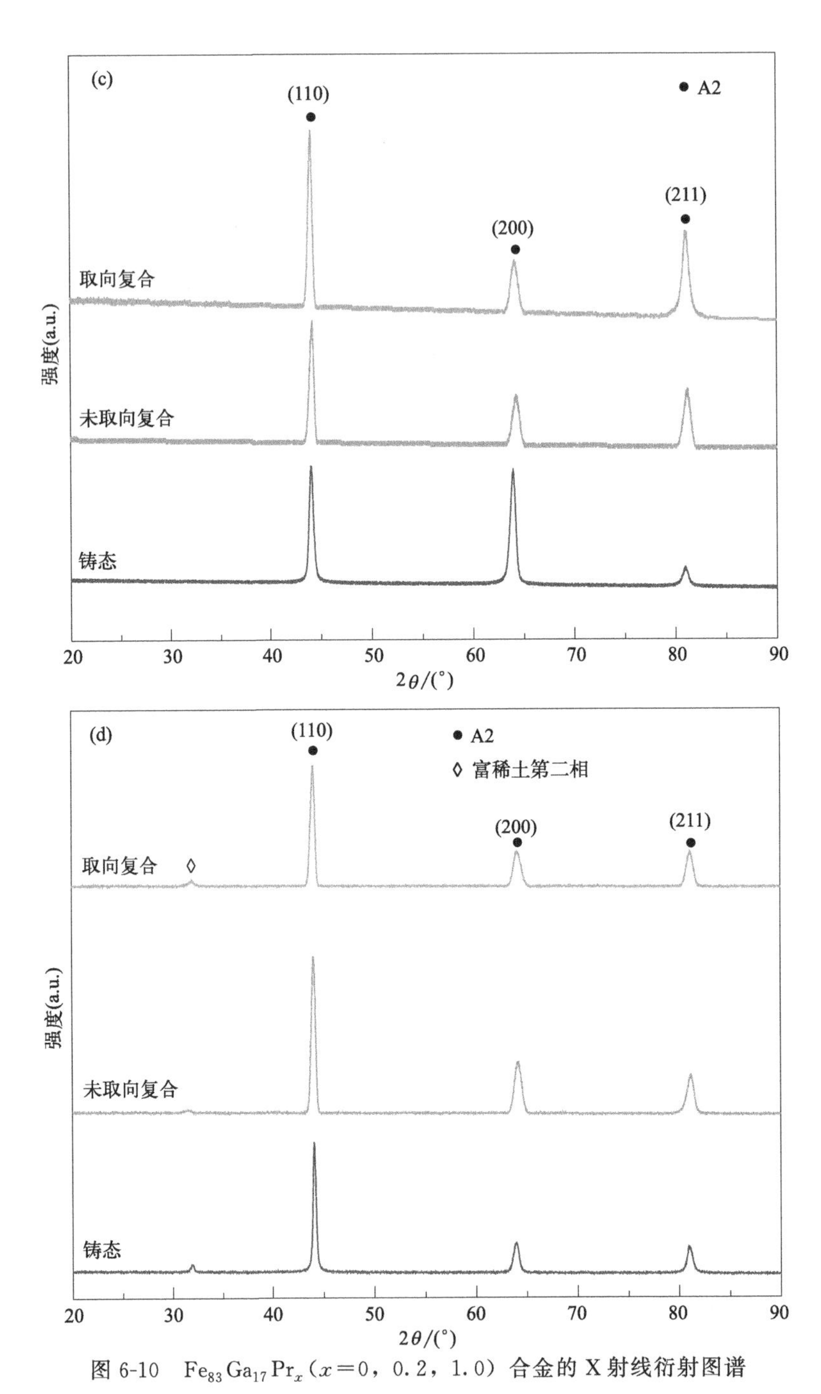

图 6-10 $Fe_{83}Ga_{17}Pr_x$（x=0，0.2，1.0）合金的 X 射线衍射图谱

(a) $Fe_{83}Ga_{17}Pr_x$（x=0，0.2，1.0）铸态合金（插图是 A2 相的晶格常数随 Pr 含量的变化）；(b) $Fe_{83}Ga_{17}$ 铸态合金和复合材料；(c) $Fe_{83}Ga_{17}Pr_{0.2}$ 铸态合金和复合材料；(d) $Fe_{83}Ga_{17}Pr_{1.0}$ 铸态合金和复合材料

合材料的（211）衍射峰的强度增加。但是，在图6-10(d)中，未取向的复合材料具有与图6-10(b)中相应的未取向复合材料相同的现象。产生这种现象的原因是在$x=1.0$未取向复合材料中，大量的Ga原子被取代，每个晶向上的原子间距的变化趋于均匀，球磨引起的位错反应再次与$x=0$未取向复合材料一致。

另外，将$Fe_{83}Ga_{17}Pr_x$（$x=0$，0.2，1.0）取向的复合材料的X射线衍射图谱与相应的未取向复合材料进行比较，（211）衍射峰的相对强度都有不同程度的增加。在以前的工作中系统地研究了这种现象的原因[29]，分析表明该现象是由外加磁场作用下晶粒的滑移和旋转引起的，并且会在取向复合材料中形成（100）择优取向。

为了解释$Fe_{83}Ga_{17}Pr_x$（$x=0$，0.2，1.0）铸态合金A2相的晶格常数随Pr掺杂量的增加而降低的现象，使用EDS分析了A2基体相和富稀土第二相的成分。图6-11是铸态$Fe_{83}Ga_{17}Pr_x$（$x=0$，0.2，1.0）样品的SEM显微照片，相应的EDS列入表6-2。在这里，$Fe_{83}Ga_{17}Pr_x$（$x=0.2$，1.0）样品的

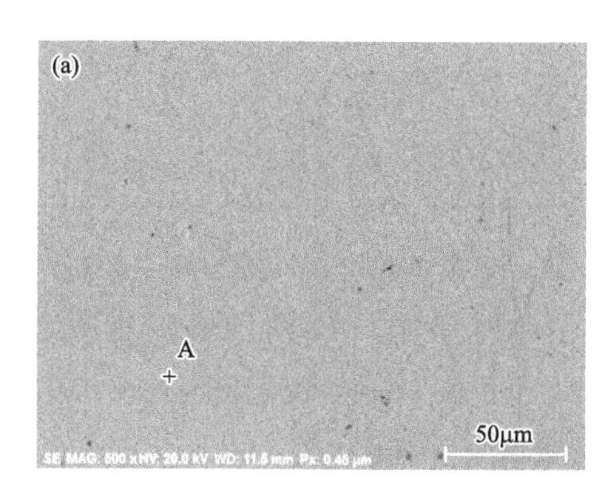

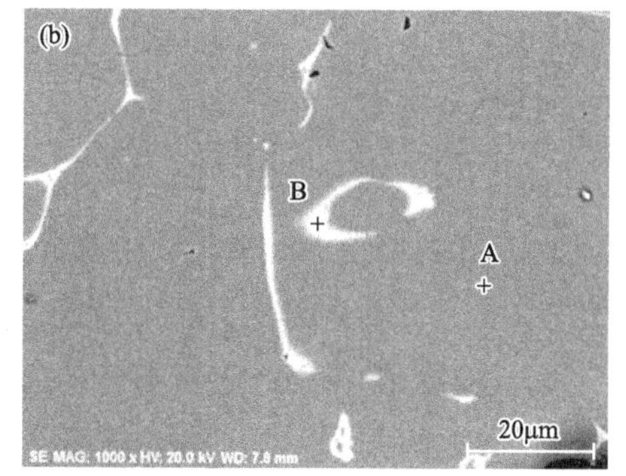

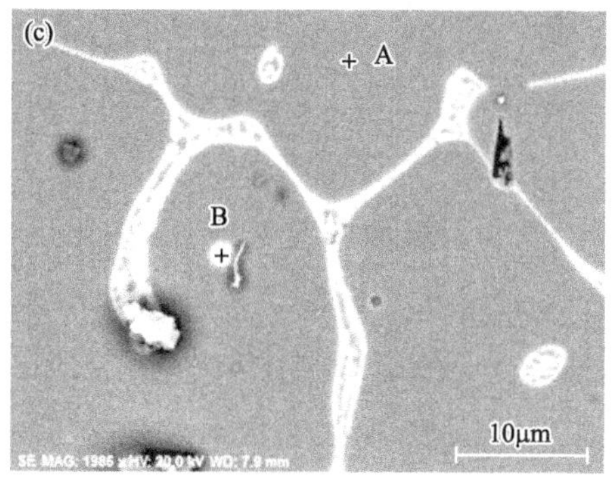

图6-11 $Fe_{83}Ga_{17}Pr_x$（$x=0$，0.2，1.0）铸态样品的SEM显微照片

(a) $x=0$；(b) $x=0.2$；(c) $x=1.0$

SEM 照片来自先前的研究[30]，使用这些照片证明与纯 Fe-Ga 合金相比，Pr 掺杂 Fe-Ga 合金的晶粒尺寸会减小。从图 6-11 和表 6-2 可以看出，$x=0.2$ 的铸态样品由 A2 基相和富稀土第二相组成，这与 XRD 的结果有所不同，这是由于富稀土第二相的含量太小，无法在 XRD 中显示。随着 Pr 掺杂量的增加，A2 基相中的 Pr 含量也在增加，而 A2 基相中的 Ga 含量则大大降低。即使 Pr 的原子半径大于 Ga，但是从 A2 晶格中析出的 Ga 原子的数量比进入 A2 晶格的 Pr 原子的数量大得多，这使得 A2 晶格的晶格常数降低，并导致随着 Pr 掺杂量的增加，A2 相的晶格常数减小。

表 6-2　$Fe_{83}Ga_{17}Pr_x$（$x=0$，0.2，1.0）铸态样品的 EDS 分析结果

样品名	标记	原子分数/%		
		Fe	Ga	Pr
$x=0$	A	83.69	16.31	0
$x=0.2$	A	84.18	15.78	0.04
	B	30.43	50.03	19.55
$x=1.0$	A	85.65	14.28	0.07
	B	34.53	44.50	20.97

从表 6-2 中还可以看出，随着 A2 基相中 Pr 含量的增加，基相中 Ga 含量大大降低，并富集到第二相中。如文献［9，31］所示，A2 相中的 Ga 原子对和溶解在 A2 相中的 Pr 原子都将有助于 A2 相形成（100）择优取向。在此基础上，推断进入 A2 相的 Pr 原子会引起两种影响：①进入 A2 相的 Pr 原子引起 A2 基相的（100）择优取向增加；②从 A2 相中析出的 Ga 原子，导致 A2 基相的（100）择优取向减少。对于 $x=0.2$ 的铸态样品，由于从 A2 基相中析出的 Ga 原子的数量少，主要由 Pr 原子进入而引起 A2 基相的（100）择优取向增加，导致铸态合金的（100）择优取向增加。对于 $x=1.0$ 的铸态样品，由于从 A2 基相中析出的 Ga 原子的数量较大，主要由于 Ga 原子析出而引起 A2 基相的（100）取向减少，导致铸态样品的（100）取向减少。

另外，SEM 还被用来分析不同组分样品取向效果不同的原因。图 6-12 是 $Fe_{83}Ga_{17}Pr_x$（$x=0$，0.2，1.0）铸态样品的 SEM 照片。从图 6-12 中可以看出，随着 Pr 掺杂量的增加，铸态样品基相的晶粒尺寸变小。通常，晶粒细化有两个原因[32]：①合金元素溶入基相中，在凝固过程中成为新的晶核，导致形核率增加，晶粒细化。②合金元素聚集在基相的晶界内，阻碍基相晶界的运动，进而影响基相晶粒的长大，导致晶粒细化。如图 6-11 和表 6-2 所示，Pr 元素不仅聚集在基相的晶界中以阻碍晶界的移动，而且溶入基相中作为凝固过程的新晶核，从而导致晶粒细化。因此，在掺 Pr 的 Fe-Ga 合金中，这两种晶粒细化机理同时存在。多晶材料的晶粒细化不仅增加了材料的强度，而且提高了材料的塑性和韧性[33]。因此，随着 Pr 掺杂量的增加，晶粒逐渐细化，样品的塑性逐渐提高。这将导致掺 Pr 的 Fe-Ga 铸态合金的塑性优于纯 Fe-Ga 铸态合金的塑性。由于 $x=1.0$ 铸态合金的晶粒尺寸小于 $x=0.2$ 铸态合金的晶粒尺寸，此外，$x=1.0$ 复合材料不受位错缠结的影响，因此 $x=1.0$ 复合材料的取向水平比 $x=0.2$ 复合材料好。

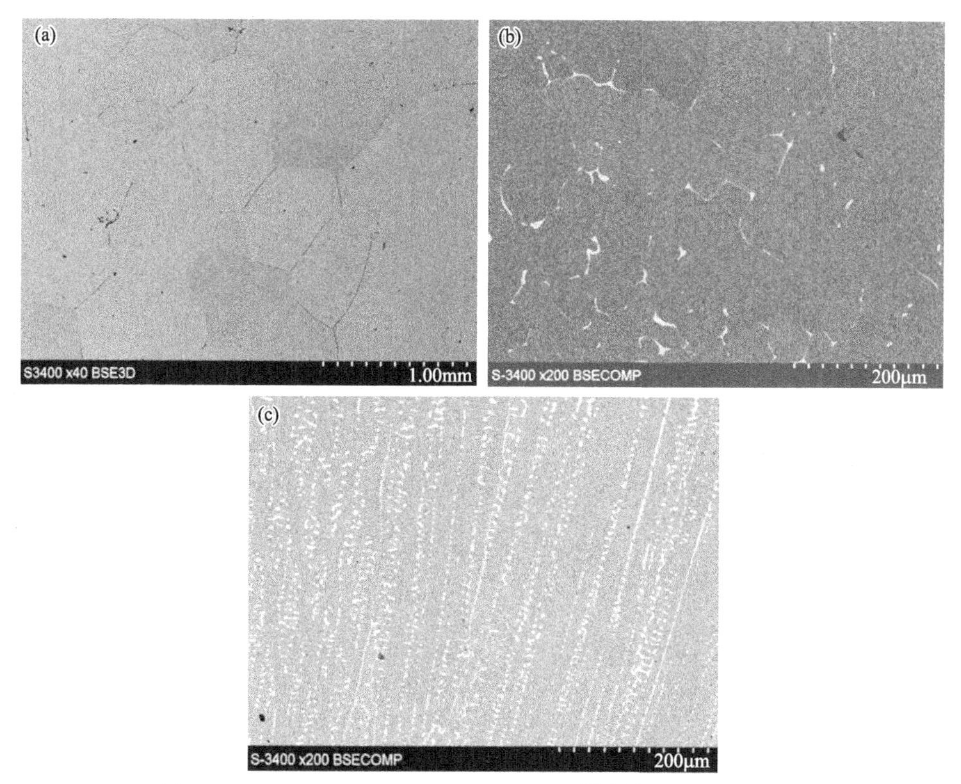

图 6-12　$Fe_{83}Ga_{17}Pr_x$（$x=0$，0.2，1.0）铸态样品的 SEM 照片

（a）$x=0$；（b）$x=0.2$；（c）$x=1.0$

为了进一步证明有关铸态样品（100）取向变化的推论，根据以前的研究[31,34]，Ga 原子对和 A2 基相中的稀土原子都将引起铸态合金的磁晶各向异性的增加。因此，通过比较样品的磁晶各向异性的强度来证明推论。如果主要作用是 Pr 原子进入 A2 基相引起（100）取向增加，则各向异性强度会增加，从而使得样品容易被磁化。如果主要作用是从 A2 基相中析出的 Ga 原子引起的（100）取向减少，则各向异性强度会减弱，从而导致样品难以被磁化。图 6-13 是 $Fe_{83}Ga_{17}Pr_x$（x=0，0.2，1.0）铸态合金的磁滞回线。从图 6-13 中可以看出，最容易磁化的样品是 x=0.2 铸态合金，这表明 x=0.2 合金具有最强的磁晶各向异性，而这也证明了在 x=0.2 铸态合金中，由 Pr 原子进入 A2 基相引起（100）择优取向增加是主要作用。与 x=0.2 铸态合金相比，x=1.0 铸态合金更难被磁化，这表明在 x=1.0 铸态合金中，由 Ga 原子从 A2 基相中析出而引起各向异性强度降低是主要作用。

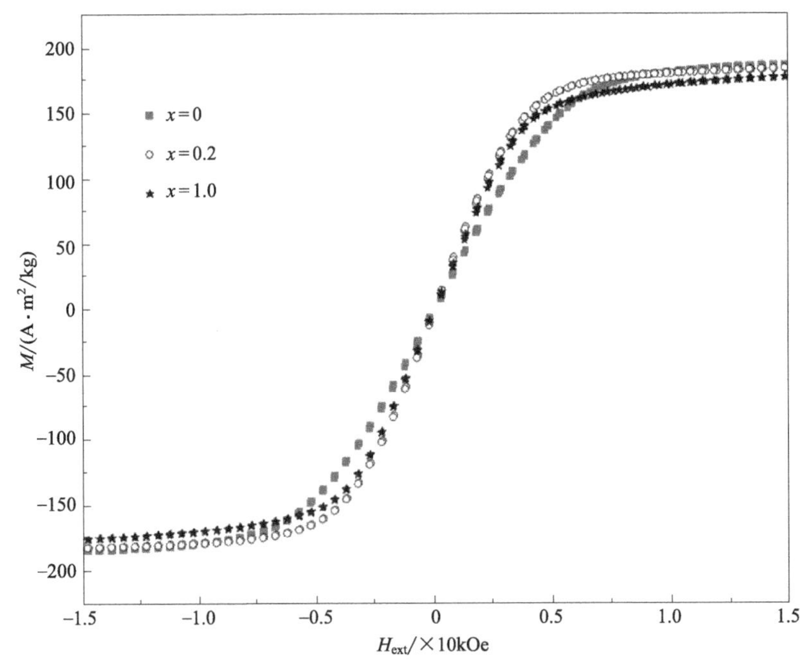

图 6-13　$Fe_{83}Ga_{17}Pr_x$（x=0，0.2，1.0）铸态样品的磁滞回线

为了定性确定复合材料的取向水平，通过计算各向异性常数的方法对其进行判断。图 6-14 示出 $Fe_{83}Ga_{17}Pr_x$（x=0，0.2，1.0）复合材料的磁滞回线。

平行于取向方向的退磁因子，考虑 $N\approx0$[34]；垂直于取向方向的退磁因子，考虑 $N\approx0.3$[35]。可以观察到不同取向的复合材料记录的磁滞回线之间有一个大的开口，表明存在较大的磁各向异性。然而，正如图 6-14(b) 所示，与其他两个样品相比，$x=0.2$ 复合材料的磁滞回线之间的开口较小，这表明 $x=0.2$ 复合材料的磁各向异性较小。沿取向方向的磁化过程比垂直于取向方向的磁化过程容易得多。由图 6-14(a) 和图 6-14(c) 可见，$x=0$ 和 $x=1.0$ 样品的各向异性场明显大于 15kOe，并且 $x=1.0$ 复合材料的各向异性场大于 $x=0$ 复合材料。从图 6-14(b) 可以看出，$x=0.2$ 复合材料的各向异性场约 10kOe。为了定量地估计磁各向异性，考虑了立方晶系结构的磁晶各向异性能的第一各向异性常数（K_1）：

$$E_a=K_1(\alpha_1^2\alpha_2^2+\alpha_2^2\alpha_3^2+\alpha_3^2\alpha_1^2)+K_2(\alpha_1^2\alpha_2^2\alpha_3^2) \tag{6-3}$$

式中，α_i 为磁化的方向余弦。磁晶各向异性常数可以通过使用 Sucksmith 和 Thompson 开发的方法来推导[36]。从图 6-14 插图的截距可知，估计 K_1 接近 $0.42\mathrm{MJ/m^3}$（$x=0$），$0.36\mathrm{MJ/m^3}$（$x=0.2$），$0.48\mathrm{MJ/m^3}$（$x=1.0$）。根据

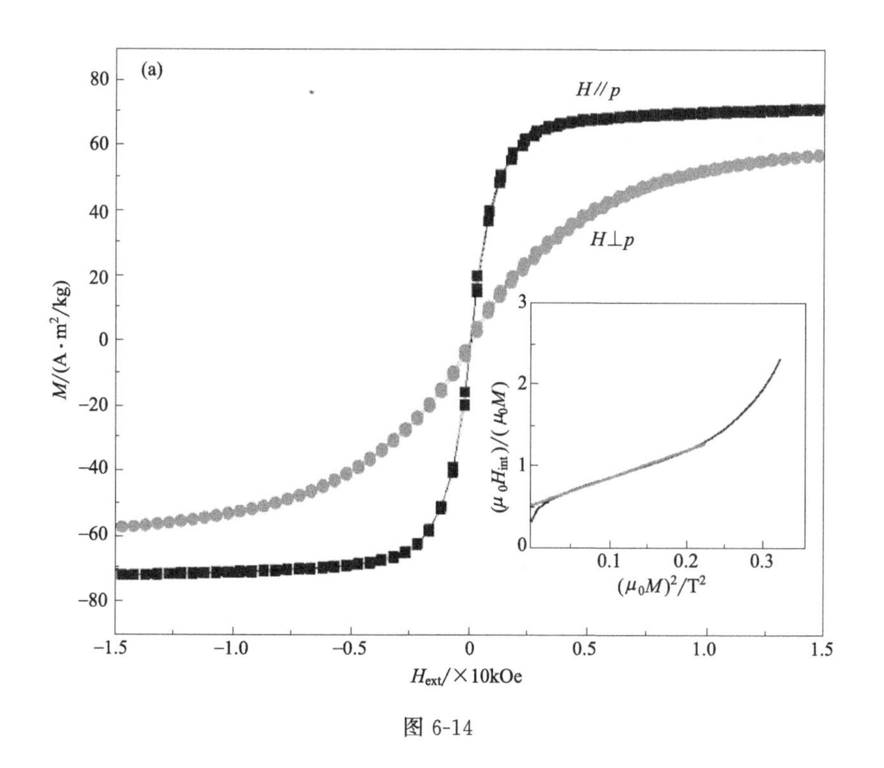

图 6-14

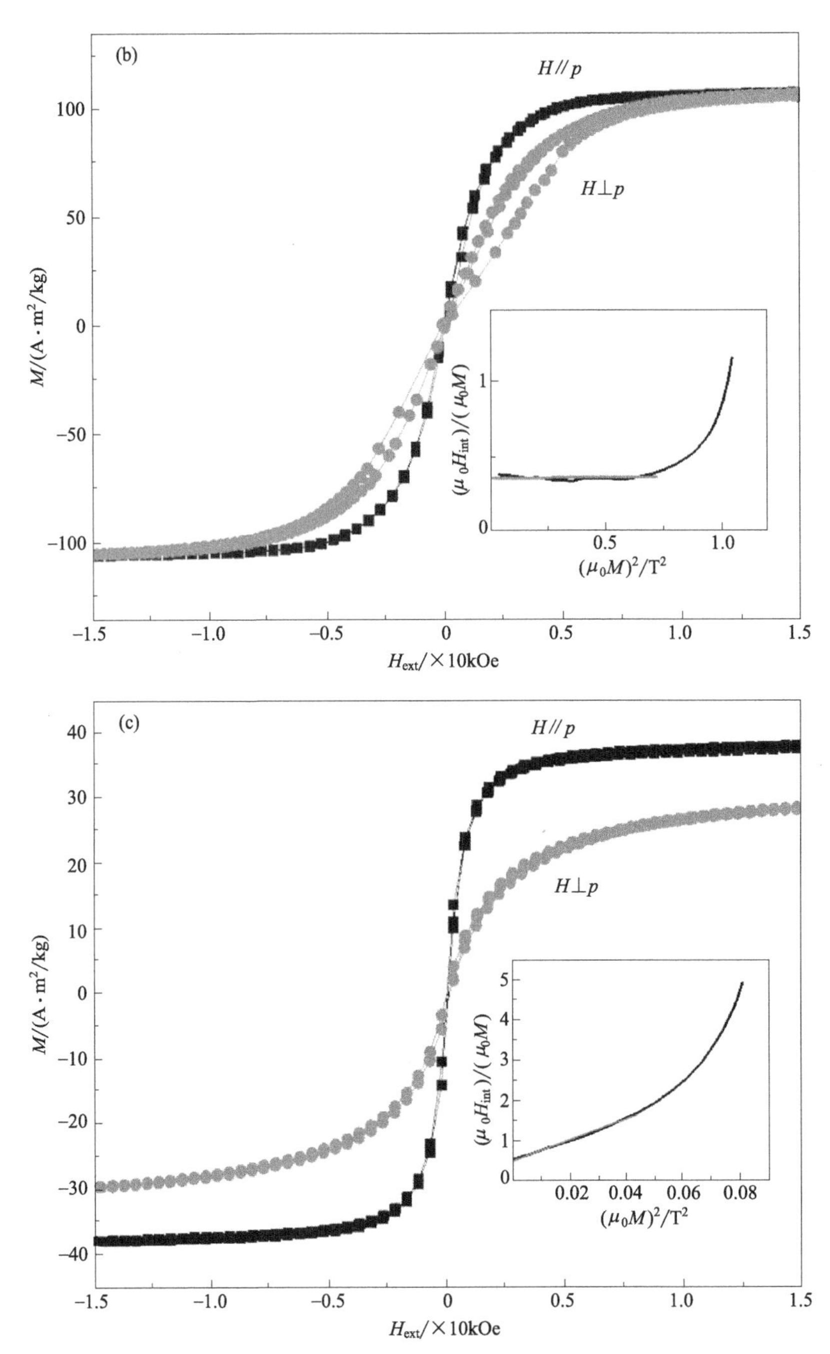

图 6-14　$Fe_{83}Ga_{17}Pr_x$（x=0，0.2，1.0）复合材料的磁滞回线（p 表示复合材料样品表面。插图是 Sucksmith-Thompson 图，该图是为了说明用于计算各向异性常数的线性拟合）

(a) x=0；(b) x=0.2；(c) x=1.0

文献［9］，可以知道稀土元素的掺杂会引起Fe-Ga合金的磁晶各向异性常数（K_1）的增加。在本研究中，$x=0.2$和$x=1.0$铸态样品的磁晶各向异性大于$x=0$铸态样品的磁晶各向异性，这与文献［9］的结论一致。然而，在复合材料中，$x=0.2$复合材料的磁晶各向异性常数（K_1）小于$x=0$复合材料，表明$x=0.2$复合材料的取向水平比$x=0$复合材料差。同时，可以看出，$x=1.0$复合材料的磁晶各向异性常数大于$x=0.2$复合材料，这种现象不仅与$x=1.0$复合材料比$x=0.2$复合材料掺杂更多的Pr元素有关，还与$x=1.0$复合材料具有更好的取向水平有关。

图6-15给出了$Fe_{83}Ga_{17}Pr_x$（$x=0$，0.2，1.0）合金与复合材料的磁致伸缩曲线。由图6-15可见，对于$x=0$铸态合金和复合材料，由于未取向复合材料的强（100）择优取向，其很容易被磁化。此外，与相应的铸态样品相比，所有未取向的复合材料均呈现较差的磁致伸缩性能，这种现象源于未取向的复合材料样品的磁畴排列比铸造的样品更无序。即使像未取向的$x=0$复合材料这样具有很强的（100）取向的样品，因为与相应的铸态样品相比，其磁畴的无序性更大，未取向的$x=0$复合材料的磁致伸缩系数仍然低于相应的铸态样

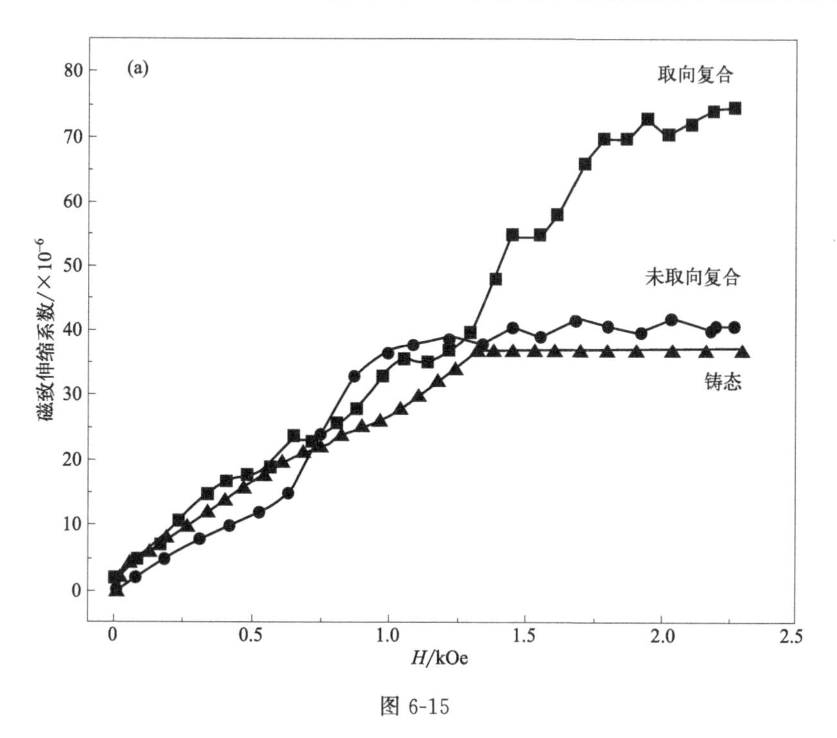

图6-15

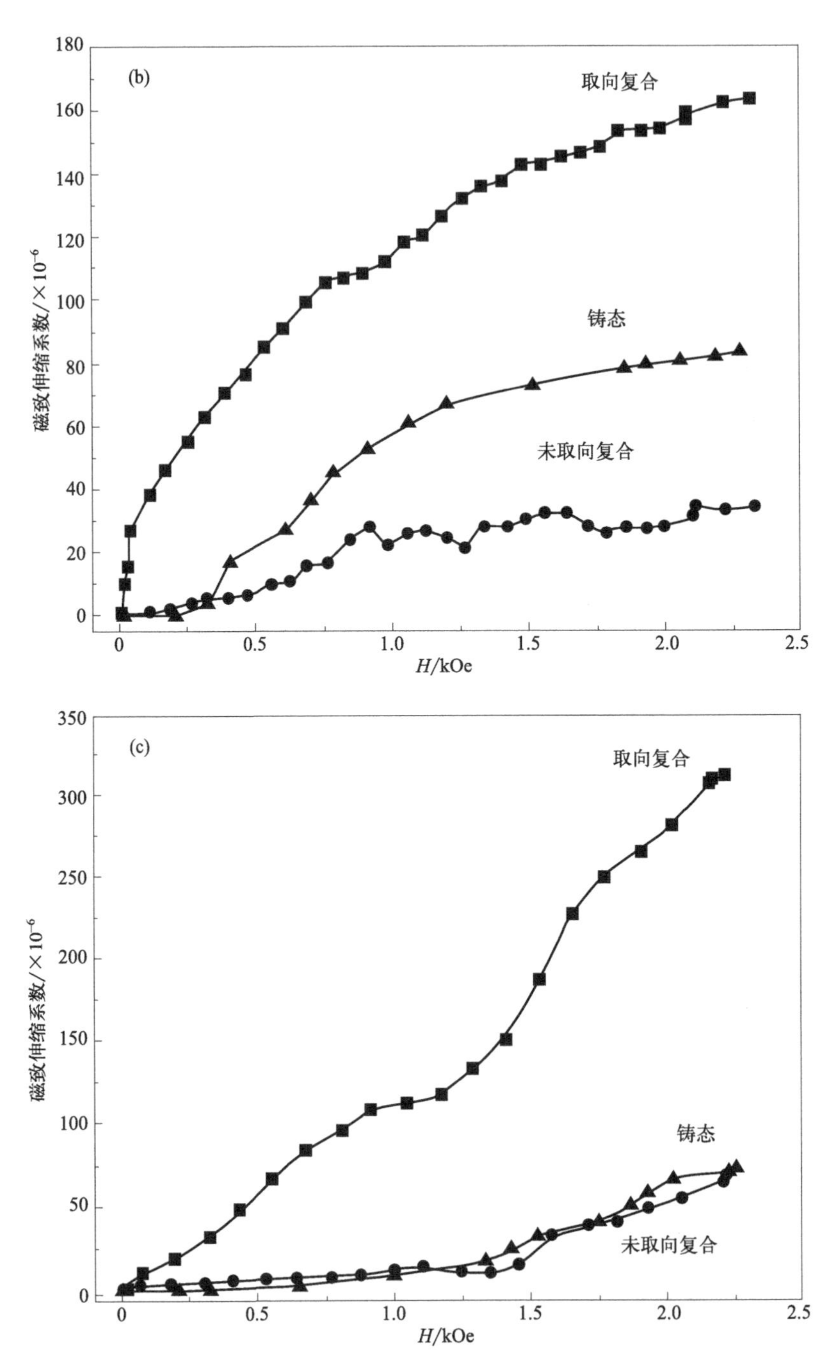

图 6-15　$Fe_{83}Ga_{17}Pr_x$（x=0，0.2，1.0）合金样品磁致伸缩系数随外加磁场变化的曲线

(a) x=0；(b) x=0.2；(c) x=1.0

品。此外，可以观察到所有取向复合材料的磁致伸缩性能都优于相应的未取向复合材料和铸态样品，这种现象与两个因素有关：①在施加磁场后取向后沿(001)易轴方向形成的择优取向；②在外加磁场中取向后磁畴沿外加磁场方向旋转和排列。此外，与相应的 $x=1.0$ 复合材料相比，取向的 $x=0.2$ 复合材料的磁致伸缩性能更差，这种现象不仅与 $x=0.2$ 复合材料的取向水平差有关，而且和 $x=1.0$ 复合材料比 $x=0.2$ 复合材料具有更好的可塑性有关，即当施加相同的应力时，$x=1.0$ 复合材料的形变大于 $x=0.2$ 复合材料，因此，$x=1.0$ 复合材料的弹性模量低于 $x=0.2$ 复合材料，这些分析与文献 [4，37] 一致。根据之前的研究[20,21,37]，随着弹性模量的减小，样品的磁致伸缩性能呈现出增加的趋势。因此，与 $x=0.2$ 复合材料相比，$x=1.0$ 复合材料的磁致伸缩性能更好。此外，稀土元素进入 A2 晶格会引起 A2 晶格畸变，导致磁致伸缩增加[9,10,27,28]。这导致 $x=0.2$ 复合材料的磁致伸缩性能优于 $x=0$ 复合材料。此外，与掺 Pr 的 Fe-Ga 铸态样品的磁致伸缩性能相比，$x=0$ 铸态样品的磁致伸缩性能较差，该现象与 Pr 原子进入 A2 晶格引起的磁晶各向异性的增强有关，这导致了掺 Pr 的 Fe-Ga 铸态样品的磁晶各向异性增大，使其具有更好的磁致伸缩性能。此外，$x=0.2$ 铸态样品的磁致伸缩系数高于 $x=1.0$ 铸态样品。这种现象与磁晶各向异性的减弱有关，磁晶各向异性的减弱源于从 A2 晶格中析出的大量 Ga 原子，$x=1.0$ 铸态样品中大量的 Ga 原子从 A2 晶格中析出导致磁晶各向异性减弱，使得磁致伸缩系数减小。

为了研究合金粉末与黏合剂的质量比对复合材料磁致伸缩性能的影响，对比研究了质量比为 1∶1 和 2∶1 的 $Fe_{83}Ga_{17}Pr_x$ ($x=0$，0.2，1.0) 复合材料。图 6-16 是不同质量比的 $Fe_{83}Ga_{17}Pr_x$ ($x=0$，0.2，1.0) 复合材料的磁致伸缩性能曲线。与 2∶1 复合材料相比，相应的 1∶1 复合材料的磁致伸缩系数要低。复合材料的磁致伸缩性能源于材料中的合金粉末，合金粉末的含量会影响复合材料的磁致伸缩性能。合金粉末含量越高，越有利于提高复合材料磁致伸缩性能。

为了研究风干时间对复合材料磁致伸缩性能的影响，选取质量比为 2∶1 的 $x=0.2$ 复合材料，分别风干 12h 和 16h。图 6-17 是不同风干时间下 $x=0.2$ 复合材料的磁致伸缩曲线。

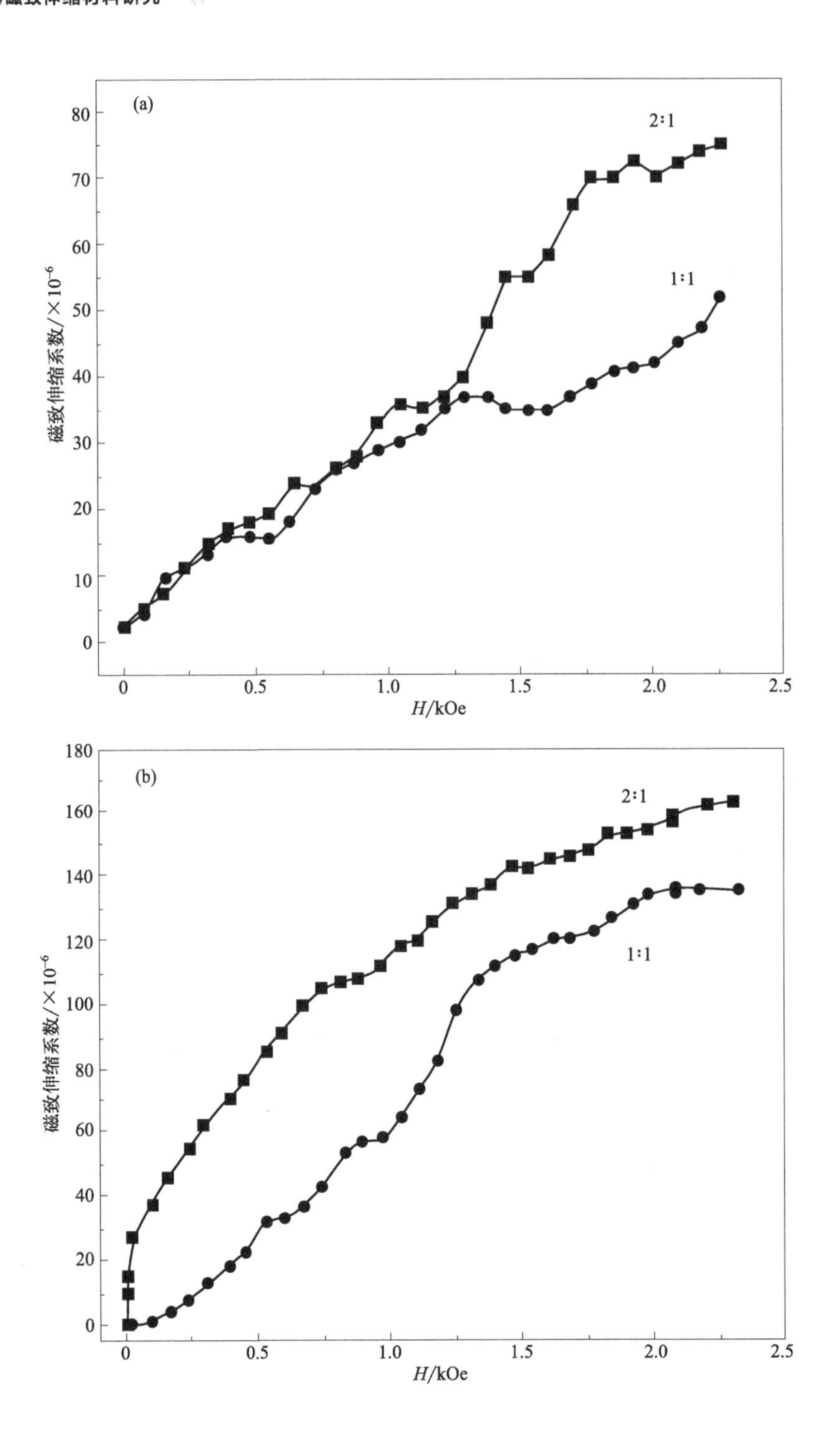
(a)
2:1
1:1
磁致伸缩系数/×10⁻⁶
H/kOe
(b)
2:1
1:1
磁致伸缩系数/×10⁻⁶
H/kOe

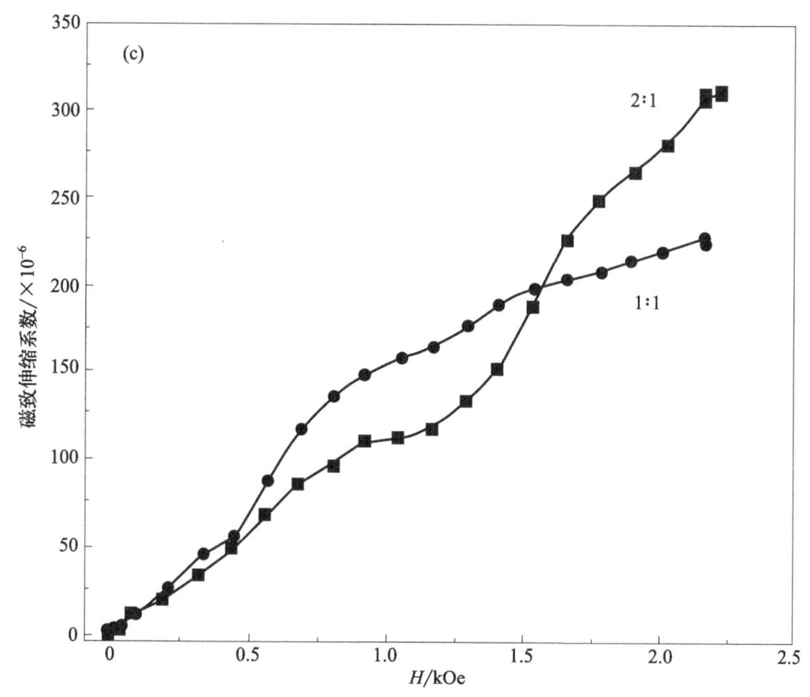

图 6-16　不同合金粉末与黏合剂质量比 $Fe_{83}Ga_{17}Pr_x$（x=0，0.2，1.0）复合材料的磁致伸缩性能

(a) x=0；(b) x=0.2；(c) x=1.0

与风干 12h 样品相比，风干 16h 样品的磁致伸缩性能较差。复合材料的磁致伸缩性能源于磁致伸缩合金粉末，在磁化过程中磁致伸缩合金粉末伸长越大，复合材料的磁致伸缩性能越好。然而，复合材料的合金粉末颗粒在外加磁场的作用下伸长时，包裹粉末的黏合剂也会同时伸长，复合材料中磁致伸缩合金粉末的伸长率会受到黏合剂伸长的限制，而黏合剂的硬度又会影响复合材料的伸长率。当黏合剂的硬度较高时，复合材料不易伸长。显然，风干 16h 复合材料的硬度大于风干 12h 复合材料。硬的黏合剂会阻碍复合材料的伸长，导致风干 16h 样品的磁致伸缩性能较差。

本部分研究发现，$Fe_{83}Ga_{17}Pr_x$（x=0，0.2，1.0）铸态样品中，x=0 铸态样品由具有 bcc 结构的单一 A2 相组成。而 x=0.2 和 x=1.0 的铸态样品由 A2 相和富稀土第二相组成。此外，Pr 掺杂会引起 Fe-Ga 铸态合金的晶粒细化，这是由于 Pr 元素聚集在基体相的晶界中，阻碍了晶界的移动而导致晶粒

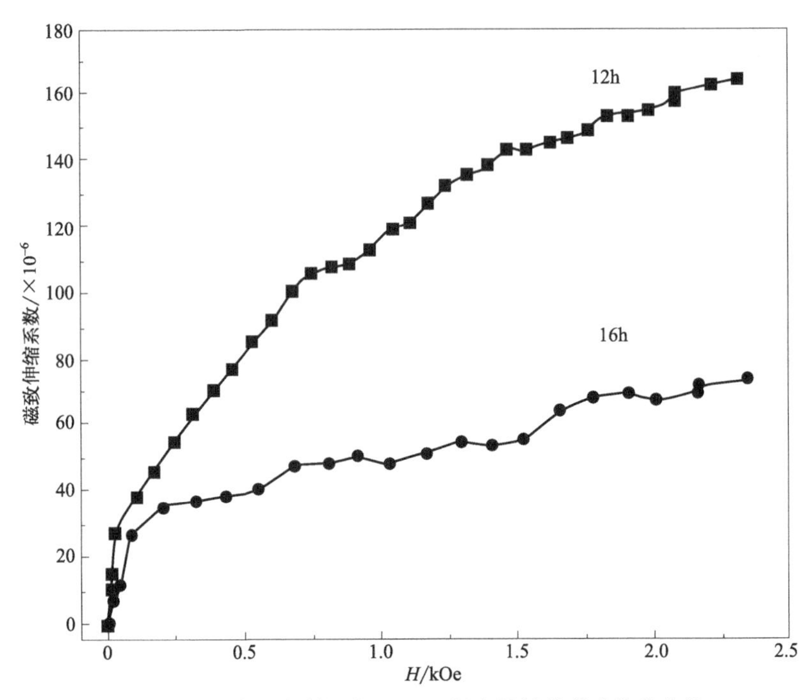

图 6-17　不同风干时间下 $x=0.2$ 复合材料的磁致伸缩曲线

细化。此外，Pr 元素还将在凝固过程中溶入基体相中，作为新的晶核，这将导致形核率增加，从而细化晶粒。$Fe_{83}Ga_{17}Pr_x$（$x=0$，0.2，1.0）复合材料中，较大的 Pr 掺杂量对复合材料的磁致伸缩性能有积极影响。这是由于大量的 Pr 掺杂会减小 Fe-Ga 铸态合金的晶粒尺寸，使球磨过程中产生的位错反应趋于均匀。此外，较小的晶粒尺寸使得铸态样品的塑性增强，在外加磁场下取向时，容易获得更好的取向效果。而相较于 Y 掺杂，由于 Pr 的磁各向异性能更优异，Pr 掺杂 Fe-Ga 磁致伸缩复合材料的磁致伸缩性能优于 Y 掺杂 Fe-Ga 磁致伸缩复合材料。大的磁致伸缩合金粉末与黏合剂的质量比更有利于复合材料的磁致伸缩性能。风干时间过长不利于复合材料的磁致伸缩性能。

总体来看，稀土元素 Y、Pr 的掺杂会使得铸态 Fe-Ga 合金的晶粒尺寸变小，这会导致铸态合金样品的塑性、韧性和强度增强。当复合材料在外加磁场下取向时，晶粒越细的样品，其取向效果越好，样品具有更强的磁晶各向异性，导致磁致伸缩性能变好。此外，掺杂稀土元素本身的各向异性也会影响复合材料样品的磁致伸缩性能。相较于 Y 元素，Pr 元素的各向异性更大，所以掺杂Pr元素复合材料的磁致伸缩性能要好于掺杂Y元素的复合材料样品。

参考文献

[1] Na S，Galuardi J，Flatau A B. Consolidation of（001）-oriented Fe-Ga flakes for 3-D printing of magnetostrictive powder materials [J]. IEEE Transactions on Magnetics，2017，53(11)：1.

[2] Gaudet J M，Hatchard T D，Farrell S P，et al. Properties of Fe-Ga based powders prepared by mechanical alloying [J]. Journal of Magnetism and Magnetic Materials，2008，320(6)：821.

[3] Yoo B，Na S，Pines D J. Influence of particle size and filling factor of Galfenol flakes on sensing performance of mangetostrictive composite transducers [J]. IEEE Transactions on Magnetics，2015，51：1.

[4] 徐芝纶．弹性力学 [M]. 北京：高等教育出版社，2008.

[5] Quinn C J，Grundy P J，Mellors N J. The structural and magnetic properties of rapidly solidified $Fe_{100-x}Ga_x$ alloys，for $12.8\leqslant x\leqslant 27.5$ [J]. Journal of Magnetism and Magnetic Materials，2014，361：74.

[6] Li X L，Bao X Q，Yu X，et al. Magnetostriction enhancement of $Fe_{73}Ga_{27}$ alloy by magnetic field annealing [J]. Scripta Materialia，2018，147：64.

[7] Yuan C，Li J H，Bao X Q，et al. Influence of annealing process on texture evolution and magnetostriction in rolled Fe-Ga based alloys [J]. Journal of Magnetism and Magnetic Materials，2014，362：154.

[8] Evans P G，Dapino M J. Measurement and modeling of magnetic hysteresis under field and stress application in iron-gallium alloys [J]. Journal of Magnetism and Magnetic Materials，2013，330：37.

[9] He Y K，Jiang C B，Wu W，et al. Giant heterogeneous magnetostriction in Fe-Ga alloys：Effect of trace element doping [J]. Acta Materialia，2016，109：177.

[10] He Y K，Ke X Q，Jiang C B，et al. Interaction of trace rare-earth dopants and nanoheterogeneities induces giant magnetostriction in Fe-Ga alloys [J]. Advanced Functional Materials，2018，28(20)：1800858.

[11] Zhou T D，Zhang Y，Luan D C，et al. Effect of cerium on structure，magnetism and magnetostriction of $Fe_{81}Ga_{19}$ alloy [J]. Journal of Rare Earths，2018，36(7)：721.

[12] Nouri K，Jemmali M，Walha S，et al. Experimental investigation of the Y-Fe-Ga ter-

nary phase diagram: Phase equilibria and new isothermal section at 800℃ [J]. Journal of Alloys and Compounds，2017，719：256.

[13] Barua R，Taheri P，Chen Y J，et al. Giant Enhancement of Magnetostrictive Response in Directionally-Solidified $Fe_{83}Ga_{17}Er_x$ Compounds [J]. Materials，2018，11(6)：1039.

[14] Emdadi A，Palacheva V V，Balagurov A M，et al. Tb-dependent phase transitions in Fe-Ga functional alloys [J]. Intermetallics，2018，93：55.

[15] Jin T Y，Wu W，Jiang C B. Improved magnetostriction of Dy-doped $Fe_{83}Ga_{17}$ melt-spun ribbons [J]. Scripta Materialia，2014，74：100.

[16] 胡赓祥，蔡珣，戎咏华．材料科学基础 [M]. 上海：上海交通大学出版社，2010.

[17] 刘智恩．材料科学基础 [M]. 西安：西北工业大学出版社，2013.

[18] Yao Z Q，Tian X，Jiang L P，et al. Influences of rare earth element Ce-doping and melt-spinning on microstructure and magnetostriction of $Fe_{83}Ga_{17}$ alloy [J]. Journal of Alloys and Compounds，2015，637：431.

[19] Coey J M D. Magnetism and Magnetic Materials [M]. Cambridge: Cambridge University Press，2010.

[20] O'Handley R C. Modern Magnetic Materials [M]. New York: Wiley，2000.

[21] Abes M，Koops C T，Hrkac S B，et al. Domain structure and reorientation in $CoFe_2O_4$ [J]. Physical Review B，2016，93(19)：195427.

[22] 丁雨田，刘广柱，胡勇．第三组元（Al、Cu）添加对 $Fe_{83}Ga_{17}$ 合金相结构和磁致伸缩性能的影响 [J]. 兰州理工大学学报，2010，36：3.

[23] Clark A E，Hathaway K B，Wun-Fogle M，et al. Extraordinary magnetoelasticity and lattice softening in bcc Fe-Ga alloys [J]. Journal of Applied Physics，2003，93(10)：8621.

[24] Kellogg R A，Russell A M，Lograsso T A，et al. Tensile properties of magnetostriction iron-gallium alloys [J]. Acta Materialia，2004，53(17)：5043.

[25] Petculescu G，Hathawya K B，Lograsso T A，et al. Magnetic field dependence of galfenol elastic properties [J]. Journal of Applied Physics，2005，97(10)：10M315.

[26] Li M M，Li J H，Bao X Q，et al. Anomalous temperature dependence of Young's modulus in $Fe_{73}Ga_{27}$ alloys [J]. Journal of Alloys and Compounds，2017，701：768.

[27] Wu W，Jiang C B. Improved magnetostriction of $Fe_{83}Ga_{17}$ ribbons doped with Sm [J].

Rare Metals，2017，36(1)：18.

[28] Han Y J，Wang H，Zhang T L，et al. Exploring structural origin of the enhanced magnetostriction in Tb-doped $Fe_{83}Ga_{17}$ ribbons：Tuning Tb solubility [J]. Scripta Materialia，2018，150：101.

[29] Zhao X，Zhao L J，Wang R，et al. The microstructure，preferred orientation and magnetostriction of Y doped Fe-Ga magnetostrictive composite materials [J]. Journal of Magnetism and Magnetic Materials，2019，491：165568.

[30] Zhao L J，Tian X，Yao Z Q，et al. Enhanced magnetostrictive properties of lightly Pr-doped $Fe_{83}Ga_{17}$ alloys [J]. Journal of Rare Earths，2020，38(3)：257.

[31] He Y K，Coey J M D，Schaefer R，et al. Determination of bulk domain structure and magnetization process in bcc ferromagnetic alloys：Analysis of magnetostriction in $Fe_{83}Ga_{17}$ [J]. Physical Review Materials，2018，2：014412.

[32] 崔忠圻，覃耀春．金属学与热处理 [M]. 北京：机械工业出版社，2011.

[33] Callister J W D，Rethwisch D G. Fundamentals of Materials Science and Engineering [M]. New York：John Wiley & Sons，2001.

[34] Osborn J A. Demagnetizing factor of the general ellipsoid [J]. Physical Review，1945，67(11)：351.

[35] Skomski R，Hadjipanayis G C，Sellmyer D J. Effective demagnetizing factors of complicated particle mixtures [J]. IEEE Transactions on magnetics，2007，43(6)：2956.

[36] Sucksmith W，Thompson J E. The magnetic anisotropy of Cobalt [J]. Proceedings of The Royal Society A，1954，225(1162)：362.

[37] Nash W. Schaum's Outlines of Theory and Problems of Strength of Materials [M]. USA：McGraw-Hill Companies，1998.